青少年太空探索科普丛书（第3辑）

跟着郭守敬望远镜探索宇宙

孙正凡 著

我们DNA里的氮元素，我们牙齿里的钙元素，我们血液里的铁元素，还有我们吃掉东西里的碳元素，都是曾经大爆炸时千万星辰散落后组成的，所以我们每个人都是星辰。

——[美] 卡尔·萨根

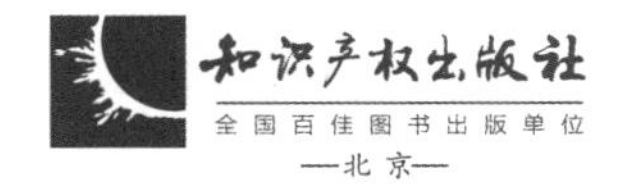

图书在版编目（CIP）数据

跟着郭守敬望远镜探索宇宙 / 孙正凡著 . — 北京 : 知识产权出版社 , 2023.12

（青少年太空探索科普丛书 . 第 3 辑）

ISBN 978-7-5130-9029-2

Ⅰ . ①跟… Ⅱ . ①孙… Ⅲ . ①天文仪器 – 青少年读物 Ⅳ . ① P111-49

中国国家版本馆 CIP 数据核字（2023）第 243212 号

内容简介

本书聚焦人类如何认识宇宙这一话题，从东西方的神话传说讲起，讲到西方关于地心说和日心说的激烈争辩，牛顿、爱因斯坦、哈勃对宇宙的不同认识。怎样描述膨胀的宇宙？宇宙微波背景辐射、暗物质、暗能量是怎么回事？书中为读者展现了一个令人惊奇且仍未结束的认识过程。

项目总策划： 徐家春

责任编辑： 徐家春　高　源　　**执行编辑：** 赵蔚然

版式设计： 索晓青　崔一凡　熊　薇　　**责任印制：** 孙婷婷

青少年太空探索科普丛书（第 3 辑）

跟着郭守敬望远镜探索宇宙

GENZHE GUO SHOUJING WANGYUANJING TANSUO YUZHOU

孙正凡　著

出版发行： 知识产权出版社有限责任公司　　**网　　址：** http://www.ipph.cn　http://www.laichushu.com

电　　话： 010-82004826

社　　址： 北京市海淀区气象路 50 号院　　**邮　　编：** 100081

责编电话： 010-82000860 转 8573　　**责编邮箱：** 823236309@qq.com

发行电话： 010-82000860 转 8101　　**发行传真：** 010-82000893

印　　刷： 北京中献拓方科技发展有限公司　　**经　　销：** 新华书店、各大网上书店

开　　本： 787mm × 1092mm　1/16　　**印　　张：** 9.5

版　　次： 2023 年 12 月第 1 版　　**印　　次：** 2023 年 12 月第 1 次印刷

字　　数： 139 千字　　**定　　价：** 69.80 元

ISBN 978-7-5130-9029-2

青少年太空探索科普丛书（第3辑）
编辑委员会

总 序

把科学精神写在祖国大地上

习近平总书记指出："科技创新、科学普及是实现创新发展的两翼，要把科学普及放在与科技创新同等重要的位置。没有全民科学素质普遍提高，就难以建立起宏大的高素质创新大军，难以实现科技成果快速转化。"党的十八大以来，党中央高度重视科技创新、科学普及和科学素质建设，全面谋划科技创新工作，有力推动科普工作长足发展，科普工作的基础性、全局性、战略性地位更加凸显，全民科学素质建设的保障功能更加彰显。

新时代新征程，科普工作要把培育科学精神贯穿培根铸魂、启智增慧全过程，使创新智慧充分释放、创新力量充分涌流，为推动我国加快建设科技强国、实现高水平科技自立自强提供强大的智力支持。

要讲好科学故事

党的十八大以来，党中央坚持把创新作为引领发展的第一动力，我国的科技事业实现历史性变革、取得历史性成就。中国空间站转入应用与发展阶段，"嫦娥"探月，"天问"探火，"羲和"逐日……这些工程在国内外产生了巨大影响。现在，我国经济总量上升到全球第二位，科学技术、文化艺术位居世界前列，正在向第二个百年奋斗目标奋勇前进。

在全面蓬勃发展的大好形势下，加强对青少年的科学知识普及，更好地激发他们热爱祖国、热爱科学、为国家科技腾飞而努力学习的远大理想，是当前的重要任务。科普工作者要紧紧围绕国家大局，用事实说话，用数据说话，讲清楚科技领域的中国方案、中国智慧，为服务经济社会发展、加快科技强国建设提供强大力量。要讲明白我国科技发展的过去、现在和未来。任何科技成就的取得都不是一蹴而就的，中华文明绵延数千年，积累了丰富的科技成果，这是我们宝贵的文化遗产。今天的我们要讲清楚中华文明的“根”与“源”，讲明白“古”与“今”技术进步的一脉相承，讲透彻中国人攀登科学高峰时不屈不挠、团结奉献的品格。

要弘扬科学精神

在中国共产党领导下，我国几代科技工作者通过接续奋斗铸就了“两弹一星”精神、西迁精神、载人航天精神、科学家精神、探月精神、新时代北斗精神等，这些精神共同塑造了中国特色创新生态，成为支撑基础研究发展的不竭动力，助力中华民族实现从站起来到富起来，再到强起来的伟大飞跃。

科学成就的取得需要科学精神的支撑。弘扬科学精神，就是要用科学精神

总 序

感召和鼓舞广大青少年，引导青少年牢固树立为国家科技进步而奋斗的学习观，自觉将个人成长融入祖国和社会的需要之中，在经风雨中壮筋骨，在见世面中长才干，逐渐成长为可以担当民族复兴重任的时代新人。

要培育科学梦想

好奇心是人的天性，是提升创造力的催化剂。只有呵护孩子的好奇心，激发孩子的求知欲望，为孩子播下热爱科学、探索未知的种子，才能引导他们勇于创新、茁壮成长，在未来将梦想变成现实。

科普工作要主动聚焦服务“双减”背景下的中小学素质教育，鼓励青少年主动学习科学知识、积极探究科学奥秘。要遵循青少年身心发展规律和对知识的接受规律，帮助青少年开拓视野，增长知识。更重要的是，要注重传授正确的学习方法，帮助孩子树立正确的科学思维，让孩子在快乐体验中学以致用，获得提高。

我们欣喜地看到，知识产权出版社在科普出版中做了有益尝试，取得了丰硕成果。在出版科普图书的同时，策划、组织、开展了一系列的公益科普讲座、科普赠书等活动，得到广大青少年、老师家长、业内专家、主流媒体的认可。知识产权出版社策划的青少年太空探索系列科普图书，从不同角度为青少年介绍太空知识，内容生动，深入浅出，受到了读者欢迎。

即将出版的“青少年太空探索科普丛书（第3辑）”，在策划、出版过程中呈现出诸多亮点。丛书紧密聚焦我国航天领域的尖端科技，极大提升了中华儿女的民族自豪感；在讲解知识的同时，丛书也非常注重对载人航天精神和科学家精神的弘扬，努力营造学科学、爱科学、用科学的社会氛围；丛书在深入挖掘中华优秀传统文化方面做了有益尝试，用新时代的语言和方式，讲清楚中国人的宇宙观，讲好中国人的飞天梦、航天梦、强国梦，推进中华优秀传统文化创造性转化、创新性发展；同时，丛书充分发挥普及科学知识、传播科学思想、倡导科学方法、弘扬科学精神的作用，努力提升青少年读者的科学素养和全社会的科学文化水平。

“航天梦是强国梦的重要组成部分”。当前，我国航天事业发展日新月异，正向着建设航天强国的伟大梦想迈进。“青少年太空探索科普丛书（第3辑）”体现了出版人在加强航天科普教育、普及航天知识、传播航天文化过程中的使命与担当，相信这套丛书必将以其知识性、专业性、趣味性、创新性得到广大读者的喜爱，必将对激发全民尤其是青少年读者崇尚科学、探索未知、敢于创新的热情产生深远影响。

欧阳自远

2023年10月31日

出版说明

党的二十大报告指出："全面建设社会主义现代化国家，必须坚持中国特色社会主义文化发展道路，增强文化自信，围绕举旗帜、聚民心、育新人、兴文化、展形象建设社会主义文化强国。"出版工作的本质是文明传播和文化传承，在服务国家经济社会发展，助力文化自信，构建中华民族现代文明进程中肩负基础性作用，使命光荣，责任重大。

知识产权出版社始终坚持社会效益优先，立足精品化出版方向，经过四十多年发展，现已形成多学科、多领域共同发展的格局。在科普出版方面，锻造了一支有情怀、有创造力、有职业精神的年轻出版队伍，在选题策划开发、图书出版、服务社会科普能力建设等方面做出了突出成绩，取得了较好的社会效益。以"青少年太空探索科普丛书"为例，我们在"十二五""十三五""十四五"期间，分别策划了第1辑、第2辑和第3辑，每辑均为10个分册，共计30册，充分展现了不同阶段我国航天事业的辉煌成就，陪伴孩子们健康成长。

"青少年太空探索科普丛书（第3辑）"是我社自主策划选题的一次成功实践。在项目策划之初，我们就明确了定位和要求，要将这套丛书做成展现国家航天成就的"欢乐颂"、编织宇宙奇幻世界的"梦工厂"、陪伴读者快乐成长的"嘉年华"，策划编辑团队要在出版过程中赋予图书家国情怀、科学精神、艺术底色，展现中国特色、世界眼光、青年品格。

本书项目组既是特色策划型，又是编校专家型，同时也是编印宣综合型。在选题、内容、形式等方面体现创新，深入参与书稿创作，一体推动整个项目的质量管理、进度管理、创新管理、法务管理等。

项目体量大、要求高，各项工作细致繁复，在策划、申报、出版各环节，遇到诸多挑战。但所有的困难都成为锻炼我们能力的契机。我们时刻牢记国家出版基金赋予的光荣与梦想，心怀对读者的敬意，以“能力之下，竭尽所能”的忘我精神，以“天下难事，必作于易；天下大事，必作于细”的工匠精神，逐一落实，稳步推进，心中的那道光始终指引我们，排除万难，高歌前行。

感谢国家出版基金对本套丛书的资助，感谢中国科学技术馆、哈尔滨工业大学、北京师范大学、深圳市天文台、北京天文馆、郭守敬纪念馆、北京一片星空天文科普促进中心等单位对本套丛书的大力支持，感谢国家天文科学数据中心许允飞等对本套丛书提供的无私帮助，感谢张凤霞老师、王广兴等对本套丛书给予的帮助。

希望这套精心策划的丛书能够得到读者的喜爱，我们也将始终不忘初心，继续为担当社会责任、助力文化自信而埋头奋进。

知识产权出版社党委书记、董事长、总编辑　刘　超

2023 年 12 月 4 日

目　录

唐代一行进行大地测量

引　子

从郭守敬观星台到郭守敬望远镜

郭守敬观星台

在一个炽热的夏日正午时分，笔者造访了河南省登封市告成镇的观星台。它是元代天文学家郭守敬在至元十三年至至元十七年（1276—1280 年）主持建造的，是中国现存最早的天文台建筑。观星台是砖石混合结构，呈方形覆斗状，四壁向上收缩内倾。东西两侧各有台阶可绕台登顶。这座建筑本身就是一架巨型的圭表——台体高 4 丈（到横梁），即 40 尺[1]，作为高表使用；台下石圭长 128 尺，带有刻度，用作测量正午时分横梁投下的表影长度的尺子。

圭表是中国古代天文学家常用的工具，用于测量正午表影，以计算二十四节气的准确时刻，把握太阳的运行规律。在这座前无古人的观象台上，郭守敬作了大胆的革新。传统圭表一般设置表高 8 尺，郭

---

[1] 古代天文仪器使用的 1 尺约合 24.5 厘米。

守敬在这里把它加高到了 40 尺，又增设了景符（即横梁上可旋转的带孔铜片），从而大大减小了测量误差。郭守敬测量的回归年长度精确到了 365.242 5 日，这在当时是世界领先的水平。他制定的历法《授时历》于至元十七年（1280 年）开始颁行使用，实际上一直用到明末（明代更名为《大统历》）。

精确度不断提高的历法是中国古代天文学和数学发达的象征。中国现行的传统历法为农历，是一种阴阳合历，即必须同时顾及太阳和月亮的运行规律。农历的二十四节气、回归年（如从冬至到第二年冬至）是按太阳的运行规律总结出来的，每月天数（29 天或 30 天）是按月相变化规律总结出来的，并通过置闰来调整年、月、日之间的节律。这样的阴阳合历还提供了天然的“校准器”，即日食必然发生在每月初一（朔日），月食必然发生在每月十五或十六（望日）。所以，天文学家们的一项重要使命就是探索日月星辰的运行规律，使历法变得越来越精准。我们在中小学课本上认识的东汉的张衡、南北朝的祖冲之、唐朝的一行等人都对历法改进作出了不朽的贡献。郭守敬的《授时历》更被视为中国传统历法的顶峰。

在郭守敬观星台以南是周公测景台（此处“景”通“影”），所立石表高度为 8 尺，石表下部为台形底座。之所以叫周公测景台，是因为据《周礼》记载，在西周初年，周公（文王第四子、武王弟姬旦）在此以木表土圭“测土深，正日景，以求地中，验四时”，根据夏至日影，定此地为“地中”，从而为西周迁都洛邑（现洛阳）提供了依据。目前所见石表是唐开元十一年（723 年）所建，当时著名的天文学家、僧人一行在此进行天文观测，另一位天文学家南宫说将周公使用的木表换成了石表，以为纪念。

石表南侧建有“帝尧殿”。上古史书《尚书》首篇《尧典》记载了三皇之首帝尧与天文学的关系：“（帝尧）乃命羲和，钦若昊天，历象日月星辰，敬授人时”，“期三百有六旬有六日，以闰月定四时成岁”。这里已经昭示了后来中国古代天文学的主要任务甚至基本模式——以皇家的名义观测日月星象，制定历法。

■ 周公测景台

古代天文学的基本任务可以归纳为三种，分别是：宇宙论（解释宇宙和日月星辰的本质、结构），历法计算（告诉人们时间，提供行事日历）和占星术（解释天地宇宙与人们生活之间的关系，占卜未来）。它们都以天文现象的观测为基础，彼此之间有着无法割裂的关系，又因为用到许多数学工具，在古代归属为“术数之学”。

宇宙论是任何一种文化认识世界时必然要探索的，无论是中国的“盘古开天地”，还是《圣经》里的“上帝创造天地”，都要对宇宙的来源与性质给出一种解释。中国古代的哲人们也对天地的大小、宇宙的性质进行了多种讨论，尤其以“盖天说”“浑天说”“宣夜说”三种最为著名（它们都是在“大地平坦”的基础上讨论天的性质）。令人遗憾的是，这些学说到晋代均已成型，但其后少有进展和更新。到唐代，一行等人面对前人互相矛盾又各有得失的宇宙学说莫衷一是，遂放弃了相关的讨论。一行、南宫说组织了跨越唐代广阔疆域的大地测量，获得了大量的观测数据，但只是用它们来计算历法时间。他们认为：“原古人所以步圭影之意，将以节宣和气，转相物宜，不在于辰次之周径。其所以重历数之意，将欲恭授人时，钦若乾象，不在于浑、盖之是非。”其意指天文观测的目的是让历法时令与自然天象相吻合，不必追问古代宇宙学说孰对孰错。

一行进行大地测量，获得了一项重要数据：北极（即北天极）离地面的高度在南北方向上的变化规律为“大率三百五十一里八十步，而极差一度”。这项数据在今天看来非常有意义。北极离地面高度，即为当地纬度，把上述数据换算为今天的单位，我们就可以相当精确地计算出地球的周长（或者说子午线长度）。可惜的是，中国古代并没有产生“地球”概念，始终认为大地是平坦的，地球周长自然无从谈起。可能一行没有想到，他得到的这项可以计算出地球周长的数据触碰到了古代宇宙论的天花板。在他放弃宇宙论的同时，他无意中失去了一项古代的“科学冠军”。

唐代一行进行大地测量

同样，郭守敬也仅把跨越元代疆域的大地测量结果用于计算历法，他在祖冲之的基础上，对冬至时刻的计算作出了重要改进，从而获得了领先世界的回归年长度。不过，郭守敬在获得史无前例的先进历法的同时，也没能进行宇宙论的探讨。对他来说，可能更意外的是“地球周长”这样的数据，竟然藏着他对天象、历法计算困惑里的答案。郭守敬的《授时历》在许多方面堪称“世界之最”，不过他依然发现计算日食的时候，存在“当食不食”（计算结果有日食，实际上并没有观测到）的现象。这是因为中国古代的历法计算，始终把天球作为二维球面，认为日月星辰都在天球上，计算日月的经纬坐标，无法考虑距离问题（即认为距离都相同），这就相当于丢失了一个径向维度的信息，自然带来了郭守敬无法解释的误差。换言之，郭守敬在这里遇到的，依然是宇宙论在无

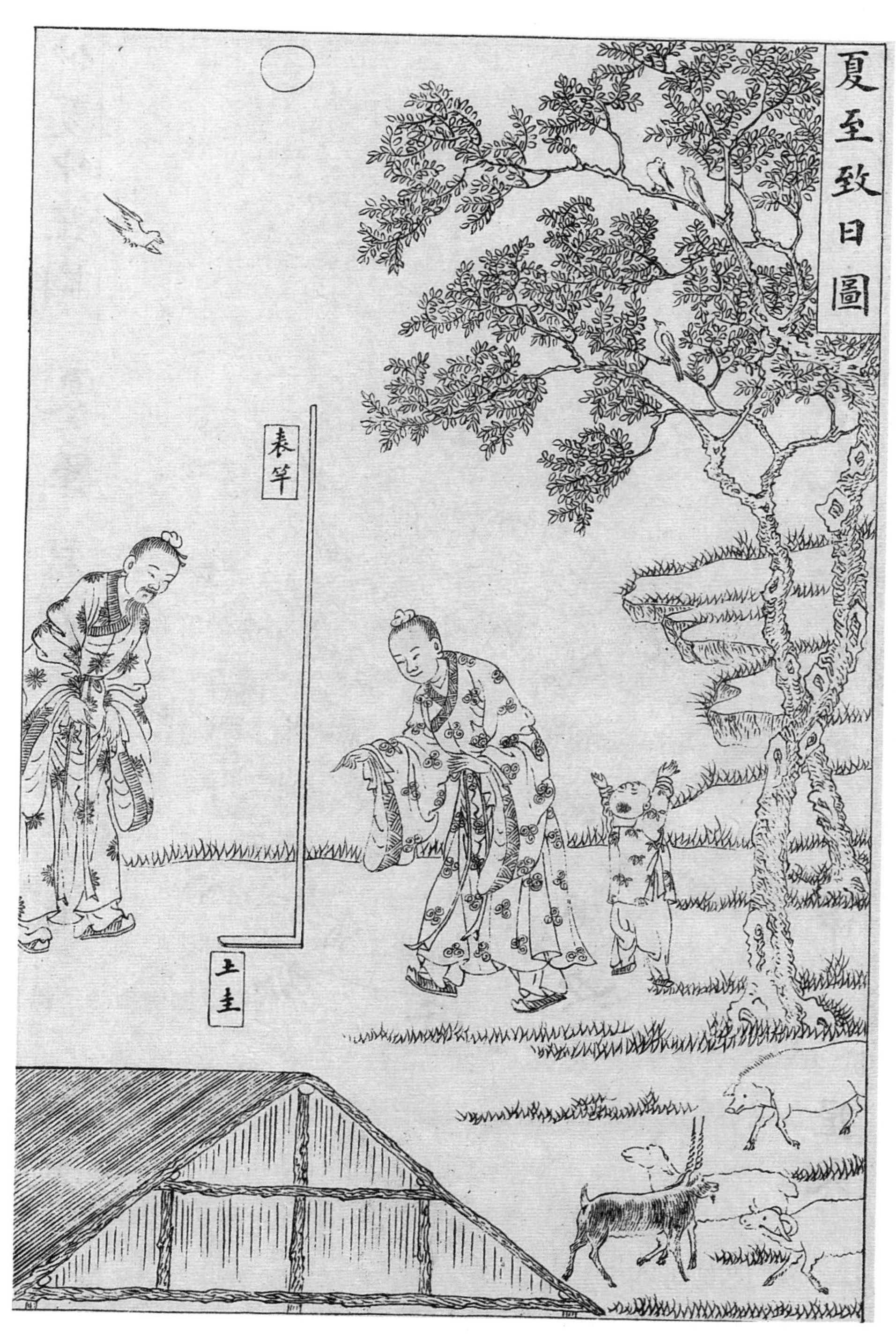

夏至致日图

出自《钦定书经图说》。

形中设下的天花板。这个问题直到明末，利玛窦、汤若望等欧洲传教士渡海而来，带来了“地球”概念和世界地图，并和徐光启、李之藻等中国学者共同介绍了当时西方天文学知识（主要是地心说）之后才彻底解决。

由此可见，天文观测、宇宙论、历法、占星术，在某种意义上依次以前者为基础（即便关系不是那么强烈相关）。天文观测为宇宙理论研究提供了基本数据，宇宙论决定了历法（天象）计算的基本方法，历法又是占星的基础数据来源。对于占星术我们在这里不展开讨论，但这项活动在古代的盛行为我们提供了丰富的天象观测记录，成为现代天体物理学难得的研究资料。

在郭守敬观星台，我们还可以看到许多其他古代天文仪器，有郭守敬亲自设计的正方案（测定方向），横梁式八尺表，仰仪（半球形仪器，里面有刻度，可直接读出球心投下的影子，即太阳坐标）。郭守敬指出：“历之本在于测验，而测验之器莫先仪表。”为了让农历各项参数与天象吻合，根据《元史·天文志》记载，郭守敬制作、创建了十余种天文观测仪器，其中最为著名的是“简仪”，现存的明代复制品陈列在南京紫金山天文台。与很多人想象的不同，在望远镜发明之前，天文学家也是要依靠仪器进行观测的。现代天文学用望远镜观看天体的图像，并分析其物理化学性质；古代天文学要通过仪器确定日月星辰的位置，从而确定它们的运动轨迹和规律。我们在观察宇宙时，会把天空想象成球状（头上是一个半球穹顶），日月星辰在这个“天球”上运动，因此古代天文学家不约而同地发明了**测量球面坐标的工具，在中国叫浑仪，在欧洲叫经纬仪**。球面坐标有多种基准线，如地平、赤道、黄道，它们分别有不同的用处。自从浑仪在西汉初被发明以来，历经多次改进，构造越来越复杂。郭守敬大胆地进行了革新，取消了黄道、白道装置，把地平和赤道坐标装置独立拆分，互不阻挡，还在窥管上安装了十字丝，又在底座架中装了正方案来校正南北方向，这就是“简仪”。

观星台高达 40 尺的圭表、简仪的拆分、仰仪的创设，种种大胆而细心的革新举动，证明郭守敬是一位伟大的天文观测家。

大多数天文观测仪器只适合在某一纬度上使用，如果迁移就必须进行调整。郭守敬在接收宋代仪器的时候，就注意到了这个问题，“司天浑仪，宋皇祐中汴京所造，不与此处天度相符，比量南北二极，约差四度”。郭守敬设计的简仪、仰仪等，使用的地点是元朝的大都，也就是现在的北京。目前陈列在观星台前的仪器是未经调整的，比如仰仪本意要显示太阳（在北京）的经纬度，但未经调整的刻度其实做不到这一点；又比如日晷广场上的日晷，也是应该调整晷面和晷针的角度，未经调整的话，指示的时间其实是错误的。我们纪念郭守敬时，如何能恰如其分地展示他的成就，仍需要继续努力研究。

在郭守敬之后 300 多年，欧洲出现了第谷·布拉赫这样伟大的天文仪器设计者。第谷设计仪器的思想类似郭守敬，将地平、赤道、黄道装置分别制作，而且形制高大，极大地提高了观测精度。第谷也是望远镜产生之前最好的天文观测家，他观测结果的精确度达到了裸眼观测的极限。开普勒正是凭借第谷二十多年的观测记录，得出了行星运动三定律。来到中国的传教士南怀仁在康熙年间复制了第谷设计的部分仪器，这些仪器如今仍然陈列在北京古观象台，成为中西方天文学交流的历史见证。

现代天文学更注重借助仪器的力量拓展我们观测宇宙的边界。1609 年，意大利科学家伽利略将他改进的天文望远镜指向了天空，发现了月亮上的山脉、众多恒星、木星的卫星，从而为日心说提供了直接的观测证据。伽利略、开普勒、牛顿等人的科学贡献，使我们对宇宙的认识发生了根本性的飞跃。随着摄影技术、分光镜、无线电、CCD 成像技术的发明，天文学家观测宇宙的能力也日新月异，我们的宇宙观念也实现了从地心说、日心说、牛顿无限宇宙说到如今大爆炸宇宙模型的改变。

在现代天文仪器的研制方面，中国科学家也作出了自己的贡献——在河北省承德市兴隆县的中国科学院国家天文台观测基地，有一架横卧南北的巨大望远镜，它的中文名就叫“郭守敬望远镜”。2009 年 6 月，这台望远镜正式通过国家验收。

郭守敬望远镜的英文全称是“Large Sky Area Multi-Object Fiber Spectroscopy Telescope”（大天区面积多目标光纤光谱天文望远镜），简称LAMOST。这个长长的名字，一口气几乎说不完，但要描述 LAMOST 的全部特征，名字却必须这样长。

“大天区面积”指 LAMOST 的任务——“普遍巡天”。天文学家不仅希望观测宇宙深处，而且希望能够对全天进行监测，这就是所谓的“巡天”工作，即对相当大的一片天区乃至全天的天体进行“户口普查”。

“多目标光纤光谱”则表述了 LAMOST 的观测结果——获取天体光谱。LAMOST 的焦面上放置了 4 000 条光纤，每条光纤负责的视场大小近 6 角分，一个角分大小相当于 1° 的 1/60。理论上说，LAMOST 可以同时获得 5° 张角的视场内 4 000 个天体的光谱。

总之，这个长长的名字说明了 LAMOST 希望获得我们头顶上每一颗星星的光谱的决心。

LAMOST 有三大核心研究课题。

第一是研究宇宙和星系，这分为星系红移巡天及通过观测的数据来研究星系的物理特性。星系红移巡天的工作对宇宙大尺度结构的研究非常重要，通过获取星系的光谱就能发现星系的红移，有了星系的红移就可以计算出它的距离，知道了星系的距离就能得出宇宙中星系的三维分布，于是我们就能知道整个可观测宇宙空间的结构。通过红移巡天还可以研究包括星系的形成、演化在内的宇宙大尺度结构和星系物理。这是一个庞大而重要的工程，其中获取星系的光谱则是未来所有工作的前提。LAMOST 的计划是观测 1 000 万个星系、100 万个类星体，还有 1 000 万颗恒星的光谱。LAMOST 要比斯隆数字巡天计划[1]所观测的星系和类星体的数目多 10 倍。通过星系红移巡天，天文学家将以更高

---

[1] 斯隆数字巡天计划（Sloan Digital Sky Survey, SDSS）是美国、日本和德国八所大学和研究所的合作项目。该项目计划进行成像巡天和光谱巡天的观测，所获得的观测资料将被用于研究宇宙的大尺度结构、星系的形成与演化等天体物理学的重大前沿课题。

的精度确定宇宙的组成和结构，同时也将使人类对暗能量和暗物质有更加深刻的认识。

第二是研究恒星和银河系的结构特征。通过观测银河系中更暗的恒星，观测数目尽可能多一些，从而可以更多地了解银河系中更远处恒星的分布和运动情况，进一步弄清银河系结构。LAMOST 有能力采集大量恒星的光谱样本，可以在银河系中尽量选更多、更暗的恒星来做大范围的研究。通过研究一颗恒星的光谱，可以分析出其密度、温度等物理条件，分析出其元素构成和含量等化学组成，从而进一步测量出其运动速度和运行轨迹等信息。恒星是星系的重要组成部分，通过研究不同种类恒星的分布，就可以了解银河系的结构和银河系的形成。

第三是多波段认证。天文学界通常将在其他波段，如射电、红外、X 射线、伽马射线发现的天体拿到光学光谱中去分析。因为光学光谱理论成熟，方法可靠。LAMOST 作为光谱获取率最高的天文望远镜，对光学天文学具有重要意义。将它与 X 射线望远镜等其他波段巡天望远镜相结合，就可以有效促进许多天文学前沿问题的解决。

郭守敬望远镜自落成以来已取得许多突破性发现，这使我国在大规模光学光谱观测和大视场天文学研究方面居于国际领先地位。

西方神话中的太阳战车

第一章

从天圆地方到发现大地是圆球

1 『杞人忧天地』提出的科学问题

我们的先民大多以为举目所见即是天地的全貌：天像穹顶，带动着日月星辰旋转；地如棋盘，安稳不动。后来古人对这个现象提出了怀疑，又发展出了盖天说和浑天说两种主要的宇宙论。古希腊哲学家独树一帜，推断出大地是悬浮在太空的一个圆球。天和地之间的关系，竟然如此密切。

“杞人忧天”这个成语，我们都不陌生，它略带贬义，指“没有必要的忧虑”，几乎等于“庸人自扰”。可如果我们从自然科学角度重新揣摩，会得出不一样的观感。它出自《列子·天瑞》，“杞人”是春秋战国时一位杞国人。

原文主要段落如下：

> 杞国有人忧天地崩坠，身亡所寄，废寝食者。又有忧彼之所忧者，因往晓之，曰：“天，积气耳，亡处亡气。若屈伸呼吸，终日在天中行止，奈何忧崩坠乎？”
>
> 其人曰：“天果积气，日月星宿，不当坠邪？”晓之者曰：“日月星宿，亦积气中之有光耀者，只使坠，亦不能有所中伤。”
>
> 其人曰：“奈地坏何？”晓者曰：“地积块耳，充塞四虚，亡处亡块。若躇步跐蹈，终日在地上行止，奈何忧其坏？”
>
> 其人舍然大喜，晓之者亦舍然大喜。

在古人看来，人寄生于天地之间，天地以阳光雨露无私地滋养着万物，所以有“天父地母”之说。“三才者，天地人”，天地仿佛是为我们人类而设。在这样的文化氛围里，这位“杞人”显得非常奇特，竟然为“天地崩坠”这样看似极其荒唐的想法担忧得睡不着觉吃不下饭。列子又安排一位关心“杞人”的“晓者”（百事通、明白人）与之对话，来一一解除他的忧虑。

“杞人”忧虑天会崩坠，“晓者”解释说：“天就是无处不在的气，我们行走呼吸都在气中，也都是在天中，天是不会崩坠的。”这符合古人关于“天”的概念，即举头以上皆为天。

“杞人”进一步追问：“那日月星宿，不就从这气中掉下来了吗？”“晓者”回答说：“日月星宿也是气，只是会发光的一种气，就算掉下来了也不会伤人。”

“杞人”又提出了一个问题：“地会崩坏吗？”“晓者”回复说：“地是累积的土块，也是无处不在的，我们站立行走，无论走到哪里都在地上，地也是不会坏的。”

两人“舍然大喜”，“杞人”了解了天地万物的本质，知道所处天地很安全，消除了疑虑，舒心地开怀大笑了……

当然，这个问题的讨论并没有结束。列子又安排了一位“长庐子”出场，主张“天地终究会毁坏，只是很难认识，到毁坏的时候再担心就是了”；列子还亲自出场批评了以上意见，主张“毁坏与否，是我们不可能知道的事情，也不必放在心上”。这真是故事里面嵌套着故事，可以有很多种思考的角度和层次，也是一个常读常新的寓言。

从自然科学的角度来说，无论什么时代的人，都必然对天地宇宙的问题充满好奇，当时的相关猜想，无论是神话、宗教，还是哲学、科学，都必然要尝试解释这些问题。因此，宇宙论发展水平也成为衡量文明进步水平的一种标志。

“杞人”和“晓者”讨论了“天、地、日月星辰”会不会崩坠，短短的对话实际上反映了天文学尤其是“宇宙论”必然要求回答的问题。古人看到了天地和日月星辰的存在，必然要追问它们的本质是什么，天地的结构是什么样子，

女娲补天

出自《山海经》第十六卷《大荒西经》。

日月星辰又如何运行；基于日常经验的认知，古人又要问是什么支撑着天不会掉下来，地不会塌下去。古往今来的宇宙理论事实上都在讨论这些问题，在不同的理解水平上给出不同的猜想。

“杞人”忧天，担心天会不会塌下来，有没有道理呢？这在古人思想水平上是有迹可循的。在神话“共工怒触不周山”里，不周山是支撑天空的柱子，共工把它撞折之后，天空就塌陷下来了。在另一则神话“女娲补天”里，女娲是用五彩石炼化之后把天的窟窿给堵上的，又“断鳌足以立四极”，把天空给支撑起来。这说明在先民的猜测里，“天”的材质至少是像石头那样坚硬沉重的，古人至少见过陨石落地，这样的猜测还是有些道理的，由此“天”就存在崩毁的可能性。事实上，并非只有中国古人作如是猜想。在古希腊神话里，力大无比的巨人阿特

中国神话中开天辟地的盘古

古希腊神话中的阿特拉斯

拉斯是扛天之神，他肩膀上扛着沉重的天空，他就相当于支撑天空的柱子。天的材质如果是轻飘飘的，那就无从显示这位巨人的伟力了。至今在我们语言里仍然保留着“感觉天都要塌下来了”这种表达，应该就是这类古老想象的体现。

我们需要注意的是，“杞人忧天”完整的意思应该是“杞人忧天地”。“杞人”担心的对象不止是天，还有脚下的大地。实际上要解开天地宇宙之谜的第一个关键，也恰恰是要把天和地综合起来考虑。

我们还须注意的是，古代对“天文”的定义和今天是不太一样的。古人以为头顶以上皆为天，所以把云、气等现象也视为天的范围；如果再延伸到古人对“天意”的崇拜，那么连地上的一切现象都可以容纳进来。古代的童蒙书籍《幼学琼林》中就谈到了日月星辰，也说到了风雨雷电，将天地视为一体：

混沌初开，乾坤始奠。气之轻清上浮者为天，气之重浊下凝者为地。日月五星，谓之七政；天地与人，谓之三才。日为众阳之宗，月乃太阴之象。虹名螮蝀，乃天地之淫气；月里蟾蜍，是月魄之精光。

风欲起而石燕飞，天将雨而商羊舞。旋风名为羊角，闪电号曰雷鞭。青女乃霜之神，素娥即月之号。雷部至捷之鬼曰律令，雷部推车之女曰阿香。云师系是丰隆，雪神乃是滕六。欻火、谢仙，俱掌雷火；飞廉、箕伯，悉是风神。

有意思的是，现在总有人觉得天文学的研究范围是“地球之外”，甚至是“太阳系之外”，实际上我们脚下的大地、人类在宇宙中的地位，一直都是天文学、宇宙论非常关心的话题之一。毕竟，宇宙万物也可以看作一个整体，不同学科都会从不同角度解读其中一部分和其他部分之间的关系。从这个意义上来说，我们要时时回到“杞人忧天地”的“初衷”，不要把眼光仅仅局限于某一个狭隘的范围。

2

『天似穹庐，笼盖四野』

敕勒川，阴山下。

天似穹庐，笼盖四野。

天苍苍，野茫茫。

风吹草低见牛羊。

这首《敕勒歌》描写的是我们对天地最直观的印象。天幕看起来仿佛像牧民的帐篷，头顶处最为高远，向四周逐渐低垂，直到地平线处天地仿佛连在一起。我们举目所见的一切都在这个范围里展开，群星围绕北极旋转，太阳、月亮东升西落，生长于天地之间的我们自诩万物之灵长。这种天地模式，是基于我们的视觉印象。我们很难判断遥远目标的实际距离，认为日月星辰都位于以我们为中心的一个（半个）巨大圆球上，即为天穹。

既然天地在遥远不可及的地平线处相接，那么支撑天地的“天柱”自然也应该位于那里。高耸入云的山峰往往被视为“天柱”，也被视为沟通天地的媒介。在《山海经·大荒西经》里就有这样的想象：“大荒之中有山，名曰丰沮玉门，日月所入。有灵山……十巫，从此升降，百药爰在。”巫师们可以从灵山攀援到天上，还可以在这里采集仙药。

屈原《楚辞 · 九歌 · 东君》中描绘的太阳神东君

这种宇宙论里的天地模式存在一个问题，那就是当日月星辰运行到西方“落山”之后，又如何回到东方？对于这个问题，有很多猜想。屈原的《楚辞·九歌·东君》中，描绘了太阳神东君在驾驶太阳马车完成一天的活动之后，“撰余辔兮高驰翔，杳冥冥兮以东行”，即东君拉着马车缰绳在高空翱翔，在幽暗的黑夜中又奔向东方。

古希腊的神话也认为天穹笼罩着大地，把大地（即相当于欧亚非大陆环绕地中海的部分）看作一块圆饼形状，想象在大地周围有一条河循环流淌，称为“大洋河”，天空和大地都浮在海水之上。我们所见的一切江河湖海都是大洋河的一部分。俄刻阿诺斯（Oceanus）是这条河的主神，所以他被认为是世上所有河流泉水的始祖。古希腊神话里的太阳神之名为赫利俄斯（Helios），与中国神话里的东君一样，他也每天驾驶太阳马车，攀上高高的天空，经过天空最高处落向西方。与东君不同的是，赫利俄斯在黄昏之时会坐上金船，而且是搭乘卧铺，经过大洋河从北方漂流回到大地的东方。古希腊诗人米姆奈尔摩斯（Mimnermus，公元前 7 世纪）写的《太阳神赞歌》是这样描述的：

赫利俄斯每日真够辛劳，
玫瑰色曙光刚离环河，
升上苍穹，他就架起马车，
不停驰骋，奔赴长空。
黄昏时，火神制造的工具——
那宝贵的带翼金弯船，
载他飞过可爱的浪花，
他在水波之上舒适安睡，
从西航行到焦面人国土，
轻车快马又在那儿等待曙光。

文物中描绘的是古希腊神话中的太阳神

地中海南岸的古埃及人对天地的看法又不一样。他们认为天空和大地是一对夫妻，天空是由女神努特（Nut）的身体构成的，大地是由男神盖布（Geb）的身体构成的（从性别上来说，跟我们的“天父地母”观念正好相反），在中间空气之神舒（Shu）将天空托起。太阳神的名字叫拉（Ra），常见的形象是鹰首人身，头顶上有一日盘。他白天乘坐万年之船穿行在天空，到了晚上再换乘另一艘船，从地下穿过冥界返回东方。太阳神穿过了天空和冥界，因此象征着重生和更新，他被视为诸神之外一切的造物主。

从这几则古代神话里，我们可以看到，不同的故事描述的实际上是同样的现象：天穹在上，平面的大地在下，太阳每天东升西落，为我们带来光和热。白天的太阳所见略同，不同的是人们猜想太阳在夜晚究竟是经过天空、北方，还是从地下重新回到东方。这种“天在上、地在下”的天地印象不但直观，而且在人类文化史上持续时间很长。

在这种模式下，古人还产生了关于“天中”“地中”的争论，即天空、大地的中央在哪里。如果说我们头顶上，即天穹最高处是“天中”，那么为什么漫天星辰都围绕着北极星运行？中国古代“共工怒触不周山”的神话故事可以算是对这个问题的一个回应。《淮南子·天文训》是这样记载的：

古希腊神话中的太阳神

昔者，共工与颛顼争为帝，怒而触不周之山，天柱折，地维绝。天倾西北，故日月星辰移焉；地不满东南，故水潦尘埃归焉。

在神话的创作者们看来，也许极星（天空的中央）本来位于我们头顶上最高处，是因为水神共工撞断了天柱不周山，导致天地联系断绝，才使天空整体

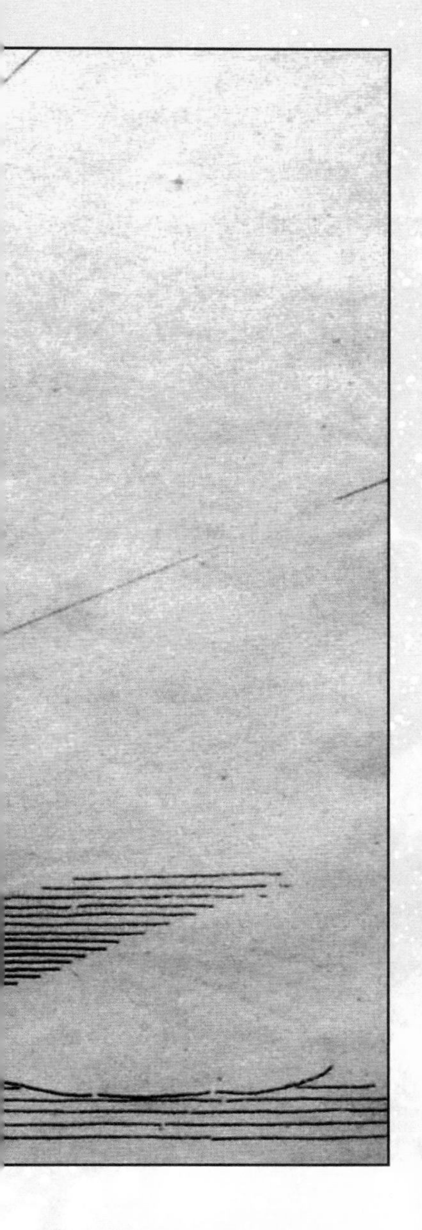

倒向了北方，因此日月星辰向北倾斜，围绕北极星向西而落，河流向东南流去。在人们还不了解原因的时候，类似的神话故事也算提供了一种解释。

对于“地中”的问题，我们很自然地会选择我们自身所在的位置。在古希腊神话中是这样想的：众神之王宙斯为了确定“世界的中心”，从世界（当然是古希腊人所认识的范围）东西两端放出两只老鹰让它们相向飞行，最终它们在德尔斐（Delphi）相会。宙斯委派他最疼爱的儿子太阳神阿波罗管理这个世界的中心，在此建立了著名的德尔斐神庙。中国古人也是这样想的，比如周武王的弟弟周公姬旦选择了阳城（今河南省登封市告成镇）作为“地中”，“中国”之名实际上也就由此产生。

这个“天穹”加上“地平”的模型，可以视为中国古代“天圆地方”观念最初的来源。所谓“圆”，指的是倒扣的半球形的“天穹”，也是指它围绕北极的旋转。至于“地方”这个说法，可能是来自《尚书·禹贡》里的“五服论”。五服，是指以中央政权（天子）为核心，根据距离和亲疏划五个范围：天子直接统治的地区，前后五百里为甸服，环绕天子建立起来的列国为侯服，再外围依次是绥服、要服，最外是荒服。这是古代中国的天下观。有意思的是，古人在绘制这幅图景的时候，采用的不是同心圆，而是方形。“方”是不动的意思，大地稳稳地居于天的下方。“天圆地方”的观念不但产生甚早，而且几乎持续了整个古代。

3 盖天说和浑天说

从春秋至西汉初期，先后产生了中国古代主流的两种宇宙论——盖天说和浑天说。由于年代久远，史料缺乏，我们几乎不太可能知道它们的首创者是谁了。盖天说主要记载于《周髀算经》（一般认为是汉初著作）和《晋书·天文志》等；浑天说则主要见于东汉张衡的著作《浑天仪注》和《灵宪》。

盖天说

盖天说的天地观念是：天是平的，地也是平的，二者是平行的平面，天地间距是八万里。[1] 古人对它的描述多用比方：《周髀算经》描述为“天象盖笠，地法覆槃”；《晋书·天文志》说“天圆如张盖，地方如棋局”。二者的描述其实是一样的，盖（锅盖或车盖）、斗笠、盘、棋盘，都是取“平”的意思。那么天地如何支撑呢？对于这个问题，盖天说设想北极（即北极星所在处）是天地的中央，天地在此处各有一个凸起，称为“北极璇玑”，天地凸起的高度都是六万里，天围绕北极转动。我们所处的位置，是大地在“北极璇玑”的一侧。按这个模式，斗笠是对天地形状的一个非常形象的比方。

对于日月星辰的运行，盖天说认为它们随天盖自东向西运行（对应每天的东升西落，即周日运动），同时又缓慢地在天盖上自西向东行进（对应周年运

---

[1] 参见李志超《中国宇宙学史》，江晓原、谢筠《周髀算经译注》。

盖天说示意图

动）。日月星辰每天并没有向西方落下，而是转到了北极璇玑的背面，从而不可见。《晋书·天文志》用了一个非常生动的比喻，如“蚁行磨石之上”，即日月五星就像旋转磨盘上的蚂蚁一样，一边随着磨盘转动，一边又奋力向相反方向爬行（即它们的周日运动和周年运动）。

天地是平行平面的观念，应该是随着人们活动疆域扩大之后产生的认识。当我们在一个地方活动的时候，会认为头顶上方的天空最高。当我们走到远方之后，会发现那里同样头顶天空最高，四周天幕低垂。因此人们意识到，天地之间实际上是等距的。又因为古人默认大地是平的，据此认为天也是平的。东汉学者王充曾经把“盖天说”称为“平天说”。

盖天说用两张平面来呈现我们见到的四季星空，上青下黄，上天下地，称为“青黄图”或“盖图”。全天可见星空分为三垣四象二十八星宿，三垣指北天极附近的区域，黄道附近的是二十八星宿，七个一组，分为四象，即东方青龙、南方朱雀、西方白虎、北方玄武。有时四象也用来指地上的方位，比如玄武门指北门，朱雀门指南门。

盖天说着重强调的是太阳运动，即二十四节气的测定。盖天说认为太阳围绕北极在七条圆轨道上运动，夏至时半径最小，冬至时半径最大。七条圆轨道是同心等距圆，圆心当然是北极。每条圆轨道称为“衡”，衡之间称为“间”，这样太阳运行图就称为“七衡六间图”。

在《周髀算经》中，还用圭表这种简单的工具测算了天地大小，虽然过程和结果并不正确，但也是一次可贵的尝试。盖天说首先取了一个经验数值，以八尺高表测量夏至正午的日影，南北距离差一千里，影长差一寸。以此推理，夏至阳城地中日影一尺五寸，意味着它到“南戴日下”（太阳正下方之地）的距离为一万五千里。这个数字的另一个来源是天地间距（即太阳到地面的距离）八万里。根据七衡六间图和“千里影差一寸”的原理，《周髀算经》把二十四节气取为影长的等差数列，虽然实际上并非如此，但这是一次试图进行公理化推理的可贵的尝试。

盖天说产生的具体年代已经不得而知。早在《诗经·小雅·正月》里就有“谓天盖高，不敢不局；谓地盖厚，不敢不蹐”的记载。有学者认为，战国时提出“大九州”概念、人称“谈天衍”的邹衍，持有的宇宙观可能就是“盖天说”。所谓“大九州”是指除了大禹划分的九州之外，中国又是大九州之一，可称为“赤县神州”。从九州到“大九州”，盖天说提到的数万里的天地尺寸反映的正是人们意识到天地之广袤远超乎想象，还有很多未知等待探索。

浑天说

浑天说诞生之后，到了西汉逐渐压过了盖天说。盖天说能够说明部分天文现象，如天地为平面，所以在各地看起来是一样的；能够用于测算二十四节气、制定历法；指出天地之广大，还给出了初步的几何模型。但盖天说也存在极大的缺陷，比如不能说明日出日落的情形，因为太阳分明是从地平线升起落下；缺少关于日月食的计算方法等。浑天说能够弥补这些缺陷，自然地呈现日月星辰的运行，也能更好地用于历法计算。

浑天说示意图

浑天说之名来自它认为天是一个完整的旋转球体，“天转如车毂之运也，周旋无端，其形浑浑，故曰浑天”。也就是说，尽管我们只能看到地面之上的穹顶天空，实际在地面之下还有另外一半，它们共同组成一个完整的天球。这是非常重要的一步发现，需要大胆的想象。

天是个圆球，那么地是什么样的呢？对天地之间的位置关系，张衡在《浑天仪注》里用了鸡蛋和蛋黄来打比方：

> 浑天如鸡子，天体圆如弹丸，地如鸡子中黄，孤居于内，天大而地小。天表里有水，天之包地，犹壳之裹黄。天地各乘气而立，载水而浮。

这个比方的意思是说，就像蛋黄悬浮在鸡蛋中央一样，大地也悬浮在天的中央，地比天略小（应该是为了给日月运行留出空间）。浑天说依然认为大地的形状是平的，地横在天球中央，把天球分成了两半；天球内外下方一半是水，上方一半是气，所以天地才能够立住（不至于倾覆）。过去有学者对这段文字有误解，以为“蛋黄”这个比方是说大地是个圆球，实际上张衡没有这层意思。张衡在《灵宪》中对天地本质的认识是这样描述的：“天体于阳，故圆以动；地体于阴，故平以静。”天属于阳性物质，所以是个圆球，是转动的；大地属于阴性物质，所以是平的，是静止的。

宋代顾逢的《圆池》一诗，形象地指出了浑天说宇宙的模样：

一片水环壁，分明镜可窥。

游鱼吹白沫，浴鹭扑清漪。

有月有星夜，无云无雨时。

倚栏相对处，如看浑天仪。

圆形的池塘如玉璧，平坦的水面就像我们的大地；半球的天空和水中半球倒影，就像是组成了完整的天球。这就是“其形浑浑，故曰浑天”。

天球绕北极（即北天极）旋转，划分出了南北极和赤道、黄道。浑天说推断我们居住在大地中央，在地下还有南极（即南天极）。中国古代按照太阳每天走一度，走完一周需 365.25 天，以此把天分为 365.25 度（可称为“中国古度”）。北极在正北方地面以上 36 度，南极就在正南方地下 36 度。大地平分天球，一半在地上，一半在地下。由于天球的旋转，在任何时候，我们只能看到一半的天空，因此夜晚也只能看到二十八星宿的一半，跨度是 182.625 度。在北方地平线以上到北极的星空是一年四季“常见不隐”的，与此相反，南天极附近直到南方地平线的星空永远不会升起。这些认识和我们今天的常识是一致的。

浑天说发现地下还有一半天球，从而能够直观地说明星空的旋转和日月星辰从地平线升起落下的现象；描述了天体的周日和周年运动；能够通过太阳在黄道圈上的位置划定二十四节气，制定历法；提前计算日月食和行星运行规律。这些都是胜过盖天说之处。

不过浑天说依然继承了八尺高表“千里影差一寸”的认识，依然没有给出认识天地大小的方法。张衡只是记下了一个猜测的数据，即天球直径

“二亿三万二千三百里，南北则短减千里，东西则广增千里”；大地向下的深度也是天的一半（有人认为这是指大地是个半球，但古人并未明言其具体形状）。另外值得指出的是，张衡认为天球之外仍然有无限的空间，只是我们还不知道那里是什么样的。

对于日月星辰的本质，张衡认为太阳是阳性物质的精华凝结而成（故名“太阳”），月亮是阴性物质凝结而成（故名“太阴”），星星是地上山川之精气在天上形成及被阳光照亮的，银河是水之精气凝结而成的。张衡还解释了月相变化是太阳光照条件不同而形成的；月食是大地遮挡太阳光而形成的，张衡把这个黑影叫“暗虚”，浑天说里的“地”很大，所以“暗虚”也极大，不但能遮蔽月亮，还能遮蔽星星。

浑天说还可以用浑象（天球仪）、浑仪（测量天体角度位置

浑 仪

的仪器）来观测和演示天体运行规律，并用以计算时间，验证历法准确性。所以这些仪器成了古代天文台上不可或缺的观测仪器。这一点也是盖天说做不到的。

可见，盖天说和浑天说对天地的认识各有优缺点。共同点是二者都认为天在转动（古人称为“天圆”），大地是不动的平面（古人称为“地方”），所以古人也称这两个学说为“天圆地方”。后来其他学者提出了对天的形状和本质略有不同的看法，但这两种学说依然是主流观点。

到了唐代，天文学家一行和南宫说选择在河南平原地区进行仔细测量，否定了“千里影差一寸”的古代假设，得出了“北极相差一度对应地上三百五十一里八十步”的结论。我们会说，从这个数据可计算出地球周长（乘以圆周度数即可）。只是在地平观念之下，缺少“地球”这个概念让一行想不到应该去执行这一步计算。

更可惜的是，一行等人面对盖天说和浑天说各有得失的情况，难以用圭表等仪器判定天地大小，故而把天文观测目标限定为制定更精确的历法，放弃了对宇宙论的进一步研讨。究其原因，是中国古代学者始终没能突破“地平”观念，认识到大地是个圆球。而这一突破在遥远的古希腊实现了。

4 发现大地是圆球

宙斯雕像

现藏于卢浮宫。

在古希腊神话中，宇宙模型也是天穹在上，平地在下，周围环绕着想象中的大洋河。古希腊神话里的诸神居住在奥林匹斯山的最高峰，俯瞰世间众生。日月五星的运行都由神灵主宰，自然现象的背后也有神灵的力量，如雨源于宙斯，风来自埃俄罗斯，海神波塞冬能掀起巨浪。古希腊最早的哲学家、米利都学派的泰勒斯（约公元前 624—公元前 546 年）提出“万物皆水”的思想，开始致力于不借助神灵，用自然元素来解释万物组成。他认为大地是一块圆盘，漂浮在巨大的海洋之上，当海水剧烈地上下激荡时，就会有地震发生。

米利都学派的另一位哲学家阿那克西曼德（约公元前610—公元前545年），从日月运行的角度，大胆地提出了一个震惊世俗的观点。他认为大地是一个扁平的圆柱体，在东西方向上是弯曲面，南北两侧是平面；这个圆柱体的直径是高度的三倍；圆柱体大地并不是漂浮在海洋之上，而是悬停静止在宇宙的中心，周围没有任何附着之物，我们就生活在这个圆柱体的上表面（即在北方，所以看得见北极星）。在圆柱体的周围，特别是下方，依然是天空。这样的天地模型才能解释漫天的繁星和日月的运行都是在虚空之中进行，并无阻碍。

基于阿那克西曼德的学说，古希腊哲学家毕达哥拉斯（约公元前580—约公元前500或前490年）根据观察和推理，得出了“大地是个圆球”的结论。毕达哥拉斯出生在爱琴海中

毕达哥拉斯

的萨摩斯岛，据说曾经游历了文明古国古巴比伦和古埃及，后来他到意大利南部的克罗托内（当时是古希腊殖民地）定居，建立了一个宗教、政治、学术合一的团体，后人称之为“毕达哥拉斯学派”。

一般认为，毕达哥拉斯的推理基于以下三条证据。

第一条证据：当人们在东西方向旅行时，北极星离开地平线的高度不会有什么变化（阿那克西曼德已经指出大地东西方向是曲面），可在南北方向上旅行的时候，会发现北极星离开地平线的高度有着明显的变化：越往南方走，北极星的高度越低；而且越往南方走，还可以看到有新的星座露出地面，在北方是看不到它们的。毕达哥拉斯指出，出现这种情况，是因为我们脚下的大地在南北方向也不是平面，而是弯曲的。换句话说，这不是因为星空在变化，而是由于大地弯曲，我们相对星空的站立姿势发生了变化。

第二条证据：古希腊向海外开拓了许多殖民地。在海港生活的人们会发现，当航船离开港口时，先是船身隐没在海平面之下，然后随着船越走越远，桅杆逐渐隐没。对于船上的水手来说，出海时会看到岸上山脉和建筑由下到上渐次隐没在海平面之下。毕达哥拉斯指出，这个现象说明我们所说的“海平面”实际上并不是平的，也是弯曲形状的。大地和海水（当时的人们不知道大海究竟有多深）共同组成了弯曲状的表面。这两条证据实际上已经指出大地是弯曲形状的，而不是古人以为的平面。

第三条证据很关键，在发生月食的时候，我们能看到一个黑影从边缘开始逐渐侵入并掩盖月面。仔细观察你会发现，月面上那个黑影的边缘是一个巨大的圆弧形，按这个圆弧可以描绘出一个比月面大得多的圆面。而且月食出现在任何方位，黑影都是一个巨大圆面的一部分。根据太阳、月亮、大地的方位，以及阿那克西曼德

毕达哥拉斯讲授课程

“大地悬浮在太空之中”的理论，我们可以推断出来，这个黑影就是大地的影子。当且仅当大地是个球体的时候，它在各个方向上被太阳照射之后投下的影子才总是一个圆面。

综合以上三条证据，可以推理出唯一的结论：大地是个圆球。毕达哥拉斯学派的这个伟大发现，对于构建宇宙模型来说是具有划时代意义的。当然，我们实际上并不知道这个发现是出自毕达哥拉斯本人，还是学派中的其他某个人。由于毕达哥拉斯学派的保密传统，他们所有的发现都是对外秘而不宣的，只有在这个学派倾覆之后，一些著作才得以在世间流传。毕达哥拉斯学派的发现，经柏拉图、亚里士多德等人的传播而广为人知。我们熟知的直角三角形勾股定理，在欧洲称为“毕达哥拉斯定理”，因为是他首先用逻辑证明的。这个学派还发现了无理数（如$\sqrt{2}$），引发了第一次数学危机。

发现了大地是个圆球之后，古希腊一些哲学家开始尝试测量地球大小，他们得出了大小不一的多种结果。这些哲学家中最著名的是埃拉托色尼（约公元前 275—公元前 194 年）和托勒玫（约 90—168 年），他们都生活在埃及的亚历山大城，这是马其顿传奇国王亚历山大建立的古希腊城市。

埃拉托色尼年轻时曾就读于亚里士多德的吕克昂学院，后来担任亚历山大图书馆的馆长，他在很多方面取得了成就。他创造了“地理学”这个词，发明了地球经纬网格，在《对地球大小的修正》一书中记下了他对地球大小的测算。埃拉托色尼的测量方法非常巧妙而又出人意料地准确，他依据的是夏至这天亚历山大城和南方赛伊尼（今埃及阿斯旺）太阳的影子。因为赛伊尼正午阳光直射井底，也就是刚好位于北回归线上。同一天亚历山大城的立竿能显示出影子，测量角度可以得到阳光与竖直方向刚好是 7 度多一点儿，大约相当于圆周的 1/50。因为太阳距离非常遥远可以视为平行光，大地大致位于同一子午线上的南北方向，依据两地影子和地球形状，埃拉托色尼就构建了一个扇面，从而把两地距离乘以 50，就可以得到地球周长。他的计算结果是 25 万希腊里（Stadium，古希腊距离单位）。虽然我们还不知道他使用的希腊里的具体长度（希腊各城邦取值略有差异），但一般认为这个数值与今天的地球周长约 4 万千米很接近了。

托勒玫是古希腊天文学的集大成者，虽然他生活的时代已经是罗马帝国统治时期（这一时期可以看作古希腊文明的延续，史称“希腊化时期”），但他的家庭成员是生活在埃及、有罗马公民身份的古希腊人。托勒玫采用了另一种方法来测量地球周长，即依据两个地点看到同一次月食的时间和两地距离。因为月食是地球影子投射在月面形成的，地球上各地是同一时刻看到月食的（如月食刚开始的时间），但各地的地方时随经度而变化，

大航海图

因此时间差代表它们的经度差。不幸的是，当时的计时方法不够精确，托勒玫得到的时间差被夸大，因此得到的地球周长比实际小了约 1/3。托勒玫后来在绘制地图时，也采用这个较小的数值。这个错误产生了意想不到的后果，一千多年之后，哥伦布正是因为相信了这个较小的数据，才认为大西洋到印度的距离很短，可以在短时间内横渡。这个幸运的错误让他充满信心地启航，阴差阳错地发现了美洲。

“大地是个圆球”这个发现对古希腊天文学、数学、地理学、哲学产生了重要的影响，具有里程碑式的意义。古希腊哲学家们开始试图测量地球大小，构建地心说，即讨论日月行星的距离和轨道，尤其地球在宇宙中的地位始终是欧洲天文学的一个核心问题。15—16 世纪，哥伦布、麦哲伦开启航海探险计划，地理大发现接踵而来，环球航行开启了全球化的时代，这个历史进程也是以“大地是个圆球”的认识为基础的。

正如中国和古希腊天文学发展历程所揭示的，我们首先在天球上认识到了南北极、赤道、经纬线，后来才把这些概念应用（投射）到了地球上。地球这个概念，也提示着我们在探索宇宙过程中，要像“杞人忧天地”那样，主动思考天和地之间的联系，不要被天文、地理学科区分所局限。

拉斐尔的画作《雅典学派》
图中有亚里士多德、柏拉图及众多科学家。

第二章

地心说、日心说和科学革命

1

地心说的诞生

古希腊哲学家在发现“大地是个圆球”之后，进一步开始构建宇宙模型。正如先民感觉“天圆地方”一样，古希腊哲学家坚持认为“地球是静止不动的”，从而构建起第一个系统的宇宙理论：地心说。直到近两千年后，它才被哥白尼的日心说取而代之。开普勒和伽利略两位风格迥异的天文学家，从不同侧面为日心说提供了雄辩的证据，为现代物理学奠定了基础。这一过程就是改变历史、启迪现代文明的科学革命。

古希腊哲学家非常崇尚圆，因为圆形是无始无终的完美图形，也是数学上最具有对称之美的图形。毕达哥拉斯学派就认为天体的轨道一定是完美的圆形。

毕达哥拉斯学派还构建了一个宇宙体系。有趣的是，这个体系既不是以地球为中心，也不是以太阳为中心。这个体系认为宇宙中心是“中央火”，但我们看不到，因为地球始终背对它。由于毕达哥拉斯崇拜数字 10，所以他认为，宇宙里应该有 10 个天体。而因为中央火、太阳、月亮、地球和五星，加起来一共才 9 个，于是他又假设在“中央火”的对面，还有另一个“反地球”。虽然“中央火”“反地球”令人觉得可笑，但关于地球是在太空里运行的一颗行星的大胆假设，还是令人印象深刻。尽管这个体系不曾被其他哲学家接纳，但毕达哥拉斯学派关于逻辑、数字、和谐的观点一直影响到两千年之后的哥白尼、开普勒等人。

深受毕达哥拉斯学派影响的哲学家柏拉图（约公元前427—公元前347年）也重视数学和天文学。古希腊的数学大多数是几何学，需要建立在严谨的逻辑推理之上。据说在柏拉图学院的门口，竖立着一个标识：不懂几何者请勿入内。后来写出《几何原本》的数学家欧几里得就曾在柏拉图学院求学。柏拉图在《理想国》《蒂迈欧篇》等著作里提出了他的宇宙观念，也提出了古希腊天文学最重要的一个问题，可视为地心说的第一个版本。他认为，宇宙天体和时间是永恒的、有规则的，太阳、月亮和五星都是“漂泊者”，也就是行星（行星即相对于恒星背景移动的天体），它们在各自的轨道上运动。日月五星和地球都是圆形的、永恒的，同时在自转。按次序来说，月亮离地球最近，太阳次之，然后是金星和水星等。他还提出了一个悬而未解的问题：如果所有的天体都绕地球做匀速圆周运动，那么为什么五大行星的亮度会发生变化，而且时而顺行时而逆行，甚至有时候一连好几天不动呢？柏拉图继而提出，即便天体运动不是圆周运动，也应该是多个圆周运动的组合。“柏拉图问题”指出了解决问题的方向，即用多种圆周运动组合来解决行星轨道的方法，被称为“拯救现象”。至少从柏拉图开始，人们把地球视为宇宙中心，日月五星天球包围着地球，再向外是被点燃的恒星分布在天空各处，日月星辰都围绕地球做匀速圆周运动，

柏拉图

地心宇宙观念的基本模式已经确定。

柏拉图最著名的学生是亚里士多德（公元前 384—公元前 322 年），他留下了卷帙浩繁的著作，同时代许多人的思想由他记录和评述才为我们所知。我们今天所说的地心说，一般指的就是“亚里士多德宇宙模型”，又称为“水晶球模型”。他的宇宙模型与其哲学观念、物理学认识紧密相关，系统地阐述了天上星体和地上各类现象及原因，把它们总结成 5 种元素的活动。

亚里士多德在著作中指明了“地球”概念的重要性。他指出，宇宙本来无所谓上下方向，我们所谓的上下都是以地心为基准而言的。据此他提出了“对跖人”的概念，即在地球上与我们沿着地球直径方向相对的位置，也有人类存在。与柏拉图相同，亚里士多德把地球置于宇宙中心（意味着宇宙中还是有方向的），地球静止不动，日月星辰都围绕地球转动。

柏拉图（左）与亚里士多德（右）
节选自拉斐尔的画作《雅典学派》。

亚里士多德以月球为界限，把宇宙分为天球圈层和地球圈层两部分，月球及以上为天，以下为地。地球圈层是从月下直到地心，由 4 种元素组成，分别为土、水、气、火，其中土和水向地球中心即向下运动，气和火离心即向上运动。按其本性来说，它们应该依次作为同心圈，但这 4 种元素本性冲突混乱，在外界影响之下，它们之间的分层并没有严格的界限。大部分元素守在各自应该处于的界限范围之内，也有少部分会越界活动。它们时常上下浮沉，甚至相互转变，如高耸的土元素，可以高出水层成为山岭，火元素也可以在地表燃烧。

宇宙的外层由第 5 种元素组成，称为“以太”（Ether），构成了行星、恒星等天球各层，以太本性是做完美的圆周运动。月球天球是宇宙外层的最底层，向外（向上）依次是水星、金星、太阳、火星、木星、土星和恒星所在的天球。天球各层之间紧密贴合，从最外层的恒星天球开始，向内逐层推动。

天界的下层紧挨着地球圈层（火元素所在），天球运动也会推动和影响地

中世纪关于宇宙的想象画作

画作中，旅行者到了世界尽头，窥见了上帝推动世界的机械装置。它融合了“地平”概念和亚里士多德宇宙模型。

球圈层的运动。比如当地球接收到太阳热量之后，会产生两种“嘘出物”，其中热而干的为“烟气”，冷而湿的为“蒸汽”。烟气上达火圈，成为可以点燃之物，表现为银河、彗星、流星等现象（亚里士多德认为它们属于地球圈层）。天球运动生热向下传递到火圈，点燃可燃物，则变为雷电等。

对于古代学者来说，柏拉图、亚里士多德的地心说不仅属于天文学，更属于哲学和物理学，目的在于解释宇宙的组成、规律和原因。亚里士多德宇宙模型以地球静止为基础，符合人们日常的认知，更容易被接受，成为古希腊哲学的主流认识。对于天球运动的原因，亚里士多德认为在恒星天球之外还必须存在一个“不动的推动者”，即它推动天球运动，运动层层向下传递，但它自身又必须是不动的。

亚里士多德宇宙模型坚持了天地之间的区分，认为天上的规律和地上的规律是截然不同的。到了中世纪[1]后期，当亚里士多德学说从阿拉伯文翻译成拉丁文，被欧洲的其他学者学习之后，一方面几乎令所有学者折服，另一方面教会认为“不动的推动者”就是上帝，从而把神学和古希腊哲学融合起来，亚里士多德地心说由此成了官方认可的唯一标准学说。

[1] 中世纪是欧洲历史上的一个时代，指从公元 5 世纪后期到公元 15 世纪中期。

2 地心宇宙模型之大成

为了解释行星的运行，柏拉图之后的古希腊哲学家提出了多种方案来“拯救现象”，即在认可“地心说”基本观念的基础上，用圆周组合来模拟出复杂的行星运动。经过五六百年的努力，终于在托勒玫手上集其大成。

欧多克斯（公元前 408—公元前 355 年，古希腊数学家、天文学家）和亚里士多德都用多个同心球叠加运动解释行星逆行的现象。所谓逆行，是指长时间观测行星的话，会发现它们一般相对于恒星背景做从西向东的运动（顺行），但某些时候，它们会逐渐停止，掉头向西运动，如此画个小圈之后再恢复继续向东运动。火星的逆行现象最为明显，尤其是当火星走到天蝎座的心宿二附近时发生逆行的现象，在中国古代被称为“荧惑守心”。这对古人来说是不吉利的天象。欧多克斯为火星设计了 4 个透明的同心球，这 4 个球都保持着完美的圆周运动，但是每个球的转向和速度是不一样的，这样彼此组合后就形成了火星逆行的曲线。欧多克斯先后给日、月各添加了 3 个同心球，五大行星各加上 4 个同心球，最外面是恒星的天球，这样一共 27 个天球组成了他的宇宙观。欧多克斯是第一个用几何思维模拟天体运动的人，他通过同心球的几何运动，解释了行星逆行的现象。这是天文学上的一次重要突破，也为后来的地心说奠定了数学意义上的基础。亚里士多德将欧多克斯的同心球理论继续完善和改进，最终形成一个包含 49 个天球的模型。不过，随着观测数据的积累，人们发现行星运行的轨迹比想象中更加复杂，同时行星的亮度也会发生变化，可是同心球理论不能解释这个现象，所以，人们需要更好的理论来对应新的发现。

数学家阿波罗尼奥斯（公元前 262—公元前 190 年）提出了偏心轮和本轮 - 均轮模型两套解决方案。第一个方案是行星围绕地球做匀速圆周运动，但地球并不在圆周的中心，而是偏在一旁。这样一来，从地球上看去，行星的运动速度就会有变化。第二种方案是，行星在一个被称为“本轮”的较小圆周上做匀速圆周运动，而本轮的中心则在另一个被称作“均轮”的大轮上运动，地球则位于均轮的中心。这可以解释行星运行中的顺行和逆行的现象，同时由于

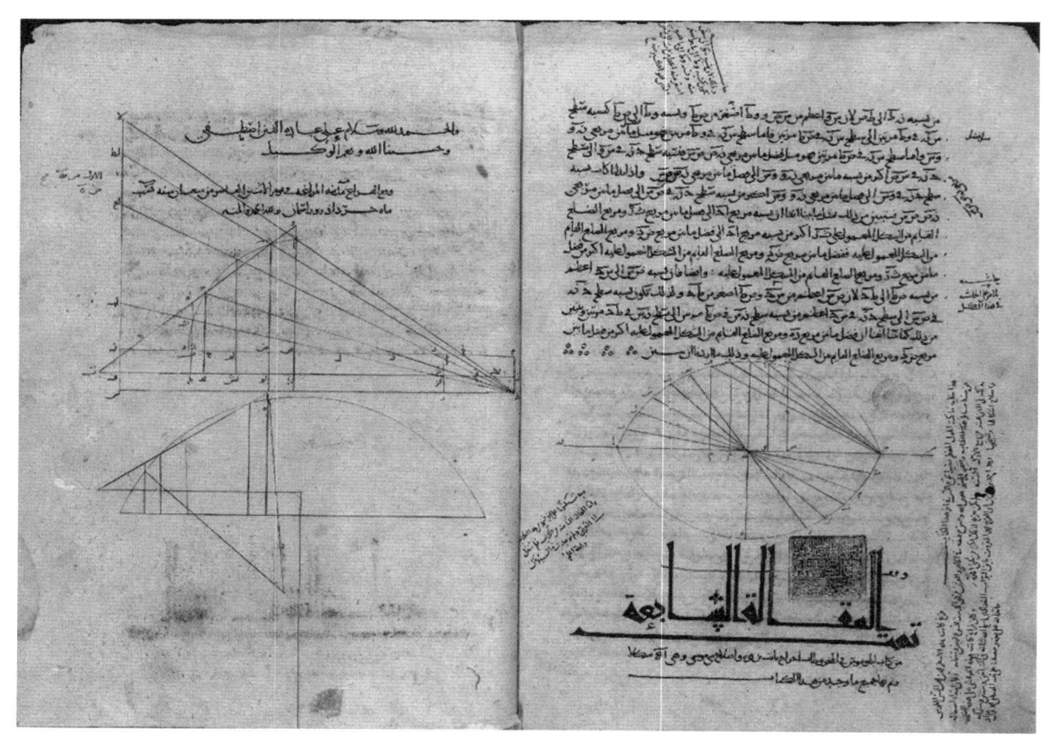

阿波罗尼奥斯书稿

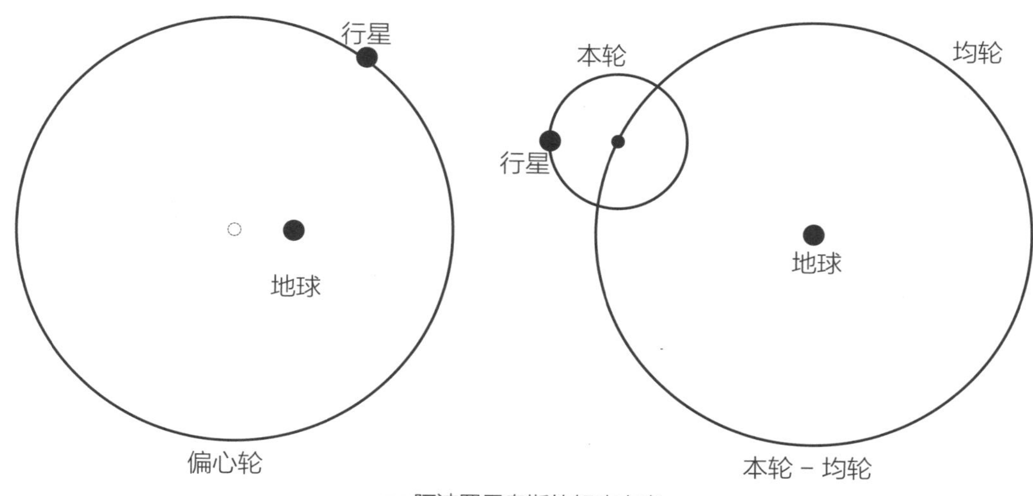

阿波罗尼奥斯的解决方案

距离发生变化，行星的亮度变化也得到了解释。作为数学家，阿波罗尼奥斯研究了不同类型的圆锥曲线，写下了著名的《圆锥曲线论》，指明了双曲线、椭圆、抛物线的各种性质，为后世的开普勒、牛顿、哈雷等天文学家奠定了研究行星和彗星轨道的数学基础。

托勒玫（90—168 年）是古希腊天文学的集大成者，他的《天文学大成》（*Almagest*）在随后的一千多年里都被奉为经典，阿拉伯天文学家称之为《至大论》。他的基本观点就是地心

托勒玫

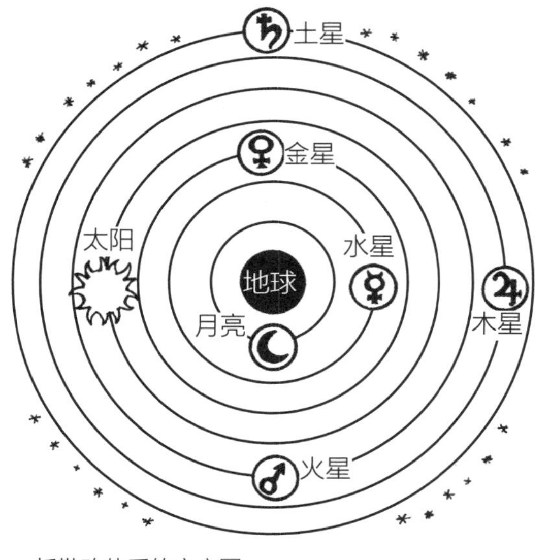

托勒玫体系的宇宙图

说，即五大行星和太阳、月亮都在围绕地球运动。由于可以观测到日食（月球掩食太阳）和月掩行星，因此可以认定月球距离我们最近。麻烦的水星、金星，它们总是出现在太阳附近，表现为辰星或昏星，当时人们难以判定它们与太阳距离孰远孰近，观点不一。托勒玫对日月五星的排序是月亮、水星、金星、太阳、火星、木星、土星，后几颗行星依据它们的周期排列。

古希腊人认为圆是最完美的图形，作为最完美的宇宙，其运动也应该是圆形的。托勒玫发现，虽然日月五星的轨迹不是圆形，却可以看作圆的组合：行星各自在一个小的圆上运动（称为“本轮”），而本轮的中心又在一个称为“偏心均轮”的大圆上运动。之所以叫作偏心均轮，因为地球并不是在均轮的中心上，而是略微偏向中心的一侧。另外还引入一个点叫“等分点”，位于均轮中心的另一侧。行星运动在均轮上并不是匀速的，但相对于等分点的角速度却是均匀的。这就解释了为什么行星的轨道和速度相对于地球不对称，当行星离地球较远时，速度也相对比较慢，反之则比较快。这个学说就是“托勒玫体系”。

在托勒玫体系里，必须针对每一个行星设计一套“均轮 - 本轮”。由于当时对宇宙大小（如日地距离）并没有准确认识，实际上均轮、本轮大小维持一定的比例，就可以得出它们的位置，因此这些参数是可以自由选择的。

今天看来，托勒玫的方法很烦琐，也不够美观，甚至当时的人也不太满意，因为托勒玫的设计方案实际上违反了“匀速圆周运动”这个“完美原则”。托勒玫本人对此也怀有歉意，但他仍然坚持使用这个方法，因为这样能够推算出行星的复杂运动，毕竟用数学模拟出天象才是最为重要的任务。

随着时间的推移，陈旧的托勒玫体系的误差越来越大，后来阿拉伯和欧洲的天文学家在本轮（小圆）之上又增加了更小的圆，然后又增加了更多的圆……1969 年版的《大不列颠百科全书》（*Encyclopedia Britannica*）提到，到了 13 世纪的卡斯蒂利亚王国国王阿方索十世（Alfonso X）的时代，每一颗行星都需要 40~60 个小圆来进行轨道修正！传说当阿方索十世国王去看望正在编制《阿方索星历表》（*Alfonsine Tables*）的天文学家时，这位国王风趣地说："如果上帝创造世界时我也在场，那么我一定会建议上帝做点改进。"

曾任哈佛大学科学史系主任、天文学和天文学史教授的欧文·金格里奇（Owen Jay Gingerich），利用计算机计算了中世纪行星的位置，包括 13 世

阿方索十世

纪的《阿方索星历表》和1532年的施特夫勒（Johannes Stöffler）的《星历表》（*Ephemeridum opus*）。他惊讶地发现，这两份曾经得到广泛应用的星历表竟然都依据托勒玫学说，其中绝对没有任何关于本轮叠加的证据。换句话说，托勒玫体系直到哥白尼时代仍在应用，并没有比托勒玫原本的版本多出点什么。金格里奇进一步的研究表明，在没有计算机也没有计算尺的时代，《阿方索星历表》的全部计算过程依赖托勒玫所发明的精巧的逼近法，以此来处理均轮上单一本轮的计算。由于数学发展水平的限制，中世纪的数学家们根本不可能应付多重本轮的计算。

哥白尼在1514年前后撰写了一份日心说初步介绍，即所谓的《纲要》（*Commentariolus*）。这个小册子曾经从人们的视野中消失，在1880年前后才被重新发现。在这份《纲要》中，哥白尼在描述了行星运动的复杂性之后曾经欣慰地说："看哪，只需要34个圆就可以解释整个宇宙的结构和行星的舞蹈了！"这句话似乎是哥白尼在为自己的简化工作而欢呼，那么，作为被"革命"的对象，托勒玫体系应该要用更多的圆吧。1969年版的《大不列颠百科全书》作出了这样的结论："在存在了一千年以后，托勒玫体系失败了，它的几何学上时钟般的结构变得让人感到难以置信的烦琐，效能上也没有令人满意的改进。"但当金格里奇向编辑们求证这个条目的真实性时，编辑们却闪烁其词，说这一条目的作者早已去世，"本轮上加本轮"的出处究竟是哪里，他们一点线索也没有。

实际上，从古代科学的水平来说，托勒玫体系还是相当成功的，在目测时代能够极好地预测行星未来的位置，偏心均轮和等分点的设置，已经穷尽了当时的智慧。虽然存在误差的积累，但大的偏差还是很少出现的。在《天文学大成》传到阿拉伯国家之后，阿拉伯科学家也被深深地折服，并称之为《至大论》，意为"至高无上的学说"。针对托勒玫体系令人遗憾的缺陷，后来的天文学家们提出了不下十种修正方法，但都没有能超越它，直到哥白尼提出了一个抛弃地心说基础的革命性方案。

3 哥白尼日心说

公元前 45 年 1 月 1 日，罗马共和国执政官儒略·恺撒在亚历山大城的古希腊数学家兼天文学家索西琴尼帮助下颁布了新的历法方案，放弃了原本的阴阳合历，开始采用太阳历——平年 365 天，闰年 366 天，每 4 年在 2 月份添加一天。这个版本的公历被称为《儒略历》。但有一个问题，它的误差比较大。平均年长是 365.25 天（中国古代曾经长时间使用这个周期，称为《四分历》)，比实际周期 365.242 2 天长了 0.007 8 天，也就是一年多出 11.2 分钟。不要小看这个误差，它每 400 年就会多出 3.12 天。

《儒略历》从恺撒时代一直应用到 16 世纪，1 600 年过去了，日历整整多了 10 天。阳历本来是为了追踪太阳的运行轨迹，比如春分日是 3 月 21 日前后，冬至日是 12 月 22 日前后。但到了 1582 年，春分日已经移动到了 3 月 11 日。天文学对 1 000 年来占据统治地位的基督教会也有重要意义。教会最重要的节日——复活节日期规定为“春分日之后第一个月圆之夜后的第一个星期日”，要提前计算这个日期，涉及太阳、月亮的运行规律和星期这个周期的计算，算法相当麻烦。

所以，在那几个世纪，如何修正历法误差、恢复太阳历的本质成了教会和天文学家共同的任务，许多学者投身到天文学研究。这个过程也促进了天文学的复兴和发展，产生了像哥白尼（1473—1543 年）这样优秀的天文学家。最终，历法改革仍然是基于地心说进行的，哥白尼也曾经被邀请参加改历会议，虽然他没参与，但他的日心说对回归年长度的研究提供了必要的参考。**1582 年，教皇格里高利十三世颁布历法改革方案，即《格里历》，把当年 10 月 4 日之后消除 10 天，即第二天是 10 月 15 日，另外也修改了置闰规则，规定每 400 年 97 个闰年，世纪年份只有被 400 整除才是闰年。这就是我们现在用的公历版本。**

1473 年 2 月 19 日，哥白尼生于波兰维斯瓦河畔的托伦，并在 18 年后进入克拉科夫大学学习。后来，他先后在德国和意大利游学，攻读天文学。1497 年 3 月 9 日，哥白尼在博洛尼亚观测月亮掩金牛座 α 星（毕宿五），这是他的第一次天文观测。他在 1500 年 1 月 9 日和 3 月 4 日还观测了土星合月，并在罗马讲学期间观测过 1500 年 11 月 6 日的月食。1512 年，哥白尼定居在弗龙堡，在这里，他自制了三分仪、三角仪、等高仪等观测器具。后来，哥白尼在弗龙堡观测的地点被称为“哥白尼塔”，一直保留到今天。

哥白尼

■ 哥白尼出生地

现为哥白尼博物馆。

虽然在 1533 年时，60 岁的哥白尼在罗马通过一系列的讲演，提出的日心说观点并未遭到教皇的反对，但由于当时托勒玫的地心说才是维持教会统治的神学理论基础，哥白尼深知发表日心说的后果。他这样写道："我清楚地知道，一旦他们弄清楚我在论证天体运行的时候认为地球是运动的，就会竭力主张我必须为此受到宗教裁判……他们就会大叫大嚷，当即把我轰下台。"因此，哥白尼迟迟不愿意发表他的著作《天体运行论》。在德国青年学者雷迪卡斯（1514—1576 年）和其他朋友多年苦苦劝说下，哥白尼才最终同意。如此，《天体运行论》于 1543 年 3 月正式出版，从写成初稿到出版，前后搁置了近"四个九年"。

哥白尼在《天体运行论》中提出了日心说，用太阳取代地球成为中心，认为地球也是围绕太阳运行的一颗行星。尽管从数学形式上来说，日心说仅仅是替换了中心天体，计算方式甚至轨道设置没有根本性的变化，仍然保留了均轮、本轮的模式，但哥白尼用严谨的逻辑证明，只有太阳才能充当宇宙中心。这样一来，我们可以用统一的方式解释行星的运行，尤其行星逆行、水星和金星的运动、月亮的运动都得到了自然、合理的解释。

哥白尼在书中首先重新讲述了"为什么大地是个圆球体"，这一部分的理由与毕达哥拉斯、亚里士多德和托勒玫几乎相同。托勒玫在《天文学大成》里把我们只能看到天球的一半作为地球在宇宙中心的证据。哥白尼指出，这只能从几何学上说明地球相比于天球来说非常小，不足以支持"地球是宇宙中心"这个论断。亚里士多德曾经认为"地球偶然位于宇宙中心"，才出现了我们所见到的宇宙天体排列模式。哥白尼指出，重性（相当于后来的引力）是自然本性，地球因此成为球形，日月行星也因此保持球形，这样就为天体呈现球状找到了自然的统一解释。亚里士多德曾指出地球静止的理由是，如果地球旋转，地球物质会飞散，因而是天球在旋转。哥白尼指出，地球很小，旋转速度也很小，可天球很大，比地球大许多许多倍，如果是按同样的旋转角速度，那么天球转动速度将几乎大到无法想象，因此我们更应该担心天球会飞散。从运动学角度来说，把太阳置于宇宙中心，让天球和太阳保持静止，能够统一解释日月星辰的出没、行星逆行、地球的周日周年运动，以及行星排列次序，从而实现了整个宇宙的和谐统一。

哥白尼引用罗马作家普林尼和西塞罗的话，热情地把太阳称为“宇宙之灯、宇宙的心灵、宇宙的主宰”，指出太阳就像端坐在王位上，统领着绕其公转的行星家族。他在以上论证的基础上，重新安排了宇宙次序：

太阳（静居中心）、水星（公转周期 80 天）、金星（公转周期 9 个月）、地球（公转周期 1 年）、火星（公转周期 2 年）、木星（公转周期 12 年）、土星（公转周期 30 年）、恒星天球（最高天静止不动）。

哥白尼根据他的宇宙新次序，把月球从古人认为的行星降级成了地球的卫星，它也不再是天地之间的界限；他把地球从原来的宇宙中心地位驱逐，将它定为一颗行星，赋予了它两种运动——绕轴自转和绕日公转；他指出行星和恒星之间的区别在于，恒星是遥远天体，行星则距离很近；他还指出了恒星视差的存在，它极其小，很难被发现——所谓视差，是由于地球运动造成恒星看起来在天球上相对位置的变动。

行星逆行一向是天文学家关注的焦点与难题。在日心说里，它成为一个自然的结果，如地球和火星都围绕太阳公转，内圈的地球公转周期为 1 年，外圈的火星周期为 2 年，所以每过 26 个月（火星和地球的会合周期），地球就会

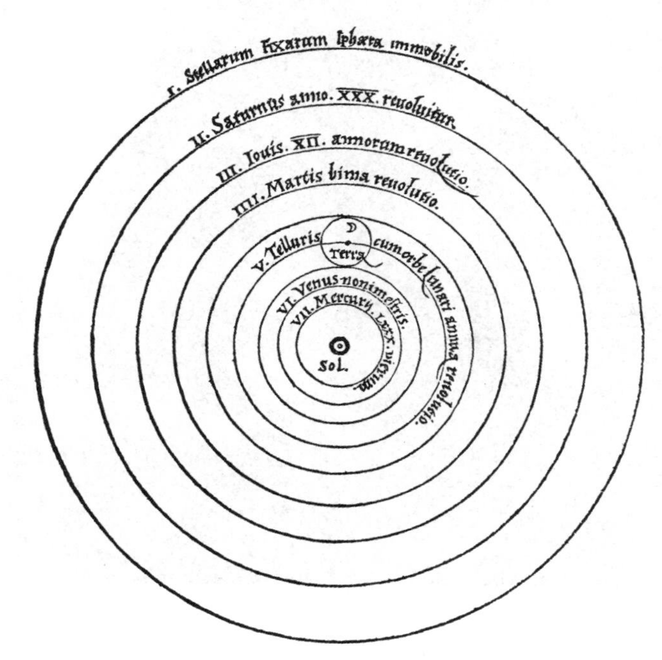

《天体运行论》中哥白尼的宇宙观

天文学家哥白尼

从内圈对外圈的火星形成一次“超车”，看上去火星就形成了逆行现象。也就是说，原本种种“不规则”的天象都可以用“地球运动”统一解释，具有逻辑统一的美感。

《天体运行论》出版后很少引起人们的注意。一般人看不懂，而许多天文工作者只把这本书当作编算行星星表的一种方法。《天体运行论》在出版后70年间，虽然没有引起罗马教廷的注意，却遭到了不少的非难。新教徒（路德派）比旧教徒更敌视哥白尼的学说。马丁·路德曾挖苦说：“这个傻瓜想要推翻整个天文学！”只有极少数天文学家才意识到这是一次宇宙观念的颠覆式革新，值得进一步探索。后来，布鲁诺和伽利略公开宣传日心说，危及了教会的统治，罗马教廷于1600年将宣传日心说的布鲁诺烧死，并于公元1616年把《天体运行论》列为禁书，伽利略也遭到罗马教廷审判。直到两百多年后，罗马教皇才不得不承认哥白尼的学说是正确的。日心说被学界公认的历程充满艰难险阻，为了纪念为日心说而抗争的科学家们，人们将哥白尼用来表示天球周而复始的“旋转”(Revolution) 一词衍生出了新的意义——“革命”(Revolution)。

当日心说被科学界所公认，日地关系图便成了地球倾斜着绕太阳转动的形象，即将赤道面设置为倾斜的，而黄道面也就是地球绕太阳的轨道则设置为水平的，以显示“地球以太阳为中心”之意。为了形象地表达我们对哥白尼科学革命的崇高敬意，地球仪从此就变成如今“歪”着的样子。倾斜的地球仪悄悄诉说着的，正是科学革命时代哥白尼思想对我们的宇宙观念、对人类的文化形成的巨大冲击。

4 为日心说辩护

哥白尼

哥白尼时代也是文艺复兴和大航海的时代。在1543年，哥白尼《天体运行论》出版的同一年，维萨里发表了《人体的结构》，开始了医学革命。哥白尼是一个保守的革命者，被称为“最后一个古希腊天文学家”，他实际上忠于柏拉图原则，被称为“新柏拉图主义”信徒。

《天体运行论》是保守与激进的杂糅之物，传统和革新惊人地交织在一起。在致教皇保罗三世的信（《天体运行论》的序言）中，哥白尼批评古老方法的结果与观测并不完全符合（虽然他使用的数据有许多是错的）。在哥白尼看来，旧体系的失败在于没有遵循“柏拉图问题”提出的“可靠的原则”，对偏心均轮和偏心匀速点的使用背离了神圣的匀速圆周运动，那些天文学家忽视了宇宙的和谐与对称。但是在数学上即在定量研究方面，就像他的前辈托勒玫，哥白尼不得不为了精确性再次引入本轮和偏心均轮，结果两个体系都使用了超过30个轮子。哥白尼也许从未料到他的著作会在若干年后导致古代宇宙论的完全崩溃，他认为自己一生中最大的贡献并非太阳的移位，而是偏心匀速点的废除。哥白尼吹响了向新世界进军的号角，一场革命开始了。

哥白尼于《天体运行论》出版的那一年去世，他被公认为欧洲最杰出的天文学家之一。与他同时代的专业人士很难忽略他那集传统之大成的工作，不过他们更专注于对哥白尼数学体系的应用，以更为简便地计算未来的行星运动、计算历法，但明确表态的支持者仍然屈指可数。在托勒玫体系和哥白尼体系之间做出选择更多是一个兴趣问题。来自天文圈之外的批评声音大多无丝毫的犹豫——哥白尼的学说荒谬且渎神，许多诗人、哲学家和通俗作家都对其发起了猛烈的攻击，新教领袖们更是将《圣经》中关于大地静止的言辞当作强弓劲弩，他们担心，如果地球仅是一颗普通的行星，人类怎样仰望上帝和神圣呢？

第　谷

第谷（1546—1601 年），丹麦天文学家。1572 年 11 月 11 日，26 岁的第谷发现了一颗比金星还要明亮的新星（后被证明这是一颗超新星），他用自己制造的天文仪器对这颗新星进行了详细的观测。通过 16 个月的详细观测，第谷得出了新的结论：由于观测不到视差，所以这颗新星位于恒星天球层。这个结论严重挑战了当时占主流地位的亚里士多德的水晶球宇宙体系。1577 年，一颗巨大彗星的出现使第谷再次获得了详

第　谷

细的观测数据。1588 年，第谷根据多年的观测数据整理出版了《论新天象》一书，书中明确指出：亚里士多德的水晶球宇宙体系与事实不符。第谷对超新星和大彗星的观测结果，是对当时传统宇宙观的有力颠覆，并由此引发了一场天文学的革命。后世天文学家们为了纪念第谷，将那颗由第谷发现的新星命名为“第谷超新星”。

后来，第谷在汶岛主持建造了两座天文台——天堡和星堡，汶岛因此被誉为“拉丁欧洲第一个重要的天文台”。同时，他还在汶岛兴建了天文仪器修造厂、造纸厂、印刷厂、图书馆、工作室和宽敞舒适的生活设施。第谷制作的大型天文观测仪器具有极高的精度，甚至达到了“前望远镜时代”天文观测无可争议的精度巅峰——测量精度高于 1′（圆周的 1/21 600)。第谷借助这些仪器与他的近百位学生进行了长达二十几年的观测，得到了前所未有的完整而精确的宇宙观测资料。第谷由此树立起自己在 16 世纪后半叶的天文学权威。第谷抛弃了亚里士多德的水晶球宇宙体系，提出了自己的新宇宙体系——第谷体系（即地球静止不动仍居于宇宙中心，月亮和太阳绕地球转动，五大行星绕太阳旋转的同时也随太阳一起绕地球转动，最外层的恒星天球也每天绕地球转一周）。

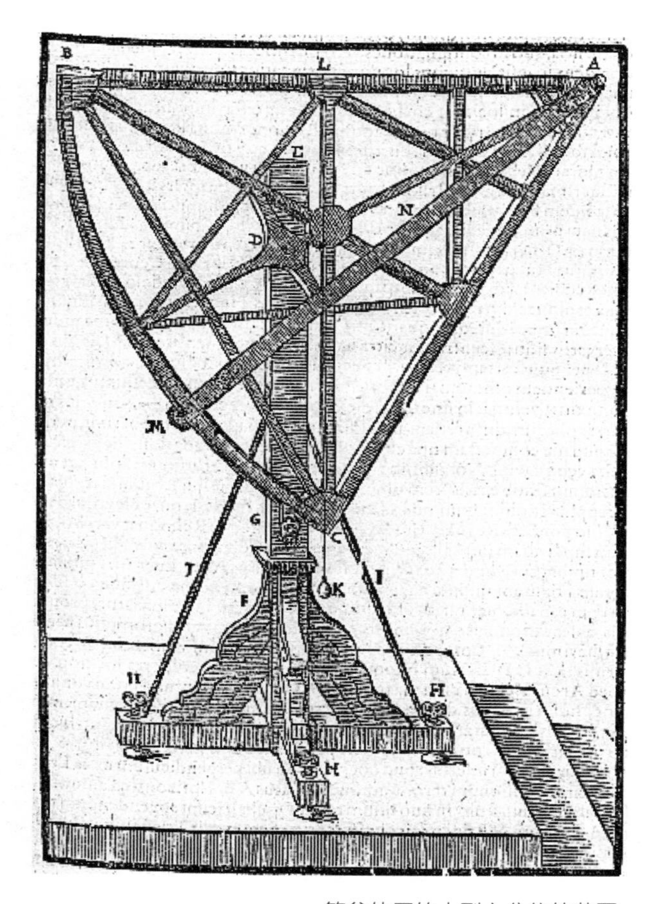

第谷使用的大型六分仪的草图

第谷体系兼具哥白尼体系的和谐性与物理学和神学层面的法则和精神。由于它使地球再次回到恒星天球的几何中心，许多非哥白尼派的天文学家都走向了第谷体系，但这使他们同时也接近了哥白尼的体系。第谷在天文学领域更重要的成就是他制造了更精准的天文观测仪器，对天文观测起到了极大的推动作用，使以往的错误得到纠正。可靠、丰富的全新数据把欧洲天文学从古代数值的晦暗中解放了出来，这为开普勒的创造性成果奠定了重要的基础。

开普勒发现椭圆轨道

德国天文学家开普勒（1571—1630 年）继承了第谷的观测数据，经过一系列艰苦异常的计算和分析后，发现椭圆轨道理论与新的观测数据非常符合，这是惊人的创举！因为这否定了自古以来神圣的运动均匀性。

开普勒

开普勒的三大定律让我们看到了他对简明数学规律的执着，这也使哥白尼图式隐含的经济性与丰富性显现了出来。我们再次看到，科学是复杂的，开普勒的研究过程也混合了猜测、想象。行星被太阳发出的“运动精气”推动的想法给他的第二定律带来了重要启发。

伽利略和望远镜

1609年，45岁的意大利天文学家伽利略（1564—1642年）迎来了命运的重大转机。在这一年，伽利略根据他了解到的望远镜的知识和他掌握的光学理论，制造出了比市面上性能高数倍的望远镜，并把它作为天文望远镜观测星空，开创了望远镜天文学。

伽利略用他自己设计的望远镜，发现了月面不均匀性、遥远的恒星、木星卫星、金星相位、太阳黑子，并通过仔细观察和推理，获得了支持哥白尼日心说的证据。月球环形山和太阳黑子的发现直接与天界的完美性、永恒性相冲突。木星卫星的发现更是激发了人们对星空的想象——竟然还有其他环绕的天体系统，这是托勒玫和哥白尼都想不到的。伽利略改变了我们对宇宙的理解及我们对自身在宇宙中位置的理解，使人类迎来了一个科学推理的新时代。

伽利略

哥白尼和伽利略都继承了古希腊哲学的遗产，也都自觉地试图突破古希腊哲学传统，改正其中的错误。哥白尼《天体运行论》正是运用逻辑推理，指出亚里士多德地心说的错误，从而把宇宙中心换成了太阳，得到了更加简洁、统一的行星运动模型。

伽利略向威尼斯总督展示如何使用望远镜

在自由落体问题上，伽利略指出了亚里士多德观点的荒谬之处，所用的逻辑推理工具就来自亚里士多德本人。当伽利略逐渐发现了亚里士多德哲学、物理和天文学里的漏洞，转而热情支持哥白尼日心说的时候，他遇到的对手是那些视亚里士多德教条不容置疑、不可更改的亚里士多德主义者，而不是古希腊哲学的追随者。比如在哥白尼日心说里，哥白尼仍认为天体的形状和运动是完美而神圣的圆周；伽利略接受了圆周（没有接受开普勒发现的椭圆运动），但他对月球和太阳的观测表明，天体并不是完美的，月面有凹凸不平，太阳表面有黑子，既然地球也是行星，那么行星也是不完美的，这些见解都向亚里士多德哲学提出了挑战。

这些学术上的继承与叛逆是古希腊哲学的应有之义。**苏格拉底、柏拉图、亚里士多德这三代哲学家师徒体现了观点的传承与驳斥。**古希腊哲学本身的发展就是建立在一代又一代学者继承但不完全同意前人见解的基础上的。

与宗教或其他古代文化不同，古希腊哲学里没有完美的“圣人”和不容置疑的教条。当伽利略鲁莽地把哲学上的革新带入宗教领域的时候，麻烦就来了。

历法要求精确预言未来的天文现象。作为负有治理社会责任的罗马天主教会，对天文学家们的努力给予了大力支持，当然，大多数天文学家像哥白尼一样，本身就是教士。

虽然伽利略在《星际信使》中明确表示了对哥白尼日心说的支持，不过知识界的讨论焦点还是那些新天文现象。甚至直到 1632 年伽利略出版《关于托勒玫和哥白尼两大世界体系的对话》之前，欧洲的知识界依然只是把日心说当作一种数学工具，而不是哥白尼所坚持的物理或者哲学上的真实存在。

生活在 16—17 世纪的伽利略同样是一位虔诚的天主教徒。为了给自己辩护，伽利略经常使用《圣经》捍卫哥白尼的日心说，反过来也真诚地希望罗马天主教会把对《圣经》的解释建立在“更正确”的日心说基础上。

1615 年，他写给托斯卡纳大公爵夫人克里斯蒂娜（科西莫二世的母亲）的一封信中，主张日心说是一种宇宙真实，因此应该对《圣经》进行非文字的解释："我认为太阳位于天球旋转的中心，不会改变位置，地球自转并围绕它运动。此外……我不仅驳斥了托勒玫和亚里士多德的论点，而且反过来提出许多论据……以及其他天文学发现，来证实这一观点（日心说）。”

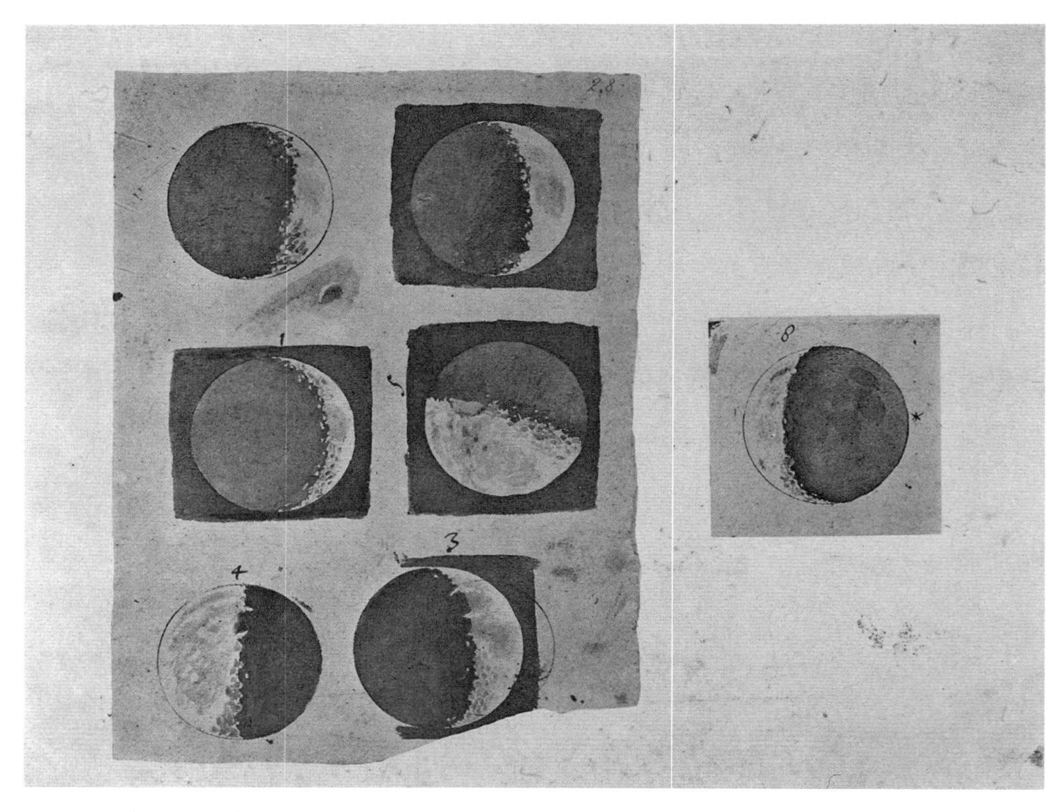

伽利略《星际信使》中的月相图

在罗马教会方面，教廷并非一味反对日心说。在教会人士看来，日心说即使不是错误的，地球运动这一关键的观点也至少没有得到明确的证据支持。曾经在1600年烧死布鲁诺的枢机主教罗伯特·贝拉明曾在1615年写道，如果没有“太阳不是绕地球旋转，而是地球绕着太阳旋转的真实证明”，哥白尼日心说就无法得到捍卫。

伽利略试图通过完善他的潮汐理论，来提供地球运动所需的物理证据。可惜，这一关键的潮汐理论，连他曾经的朋友、1623年当选教皇的乌尔班八世马费奥·巴贝里尼都看出了错误。伽利略认为，潮汐是由于海水的来回晃动而引起的，海水运动则是由于地球自转和绕太阳公转导致地球表面上某点在不停地加速和减速。可惜，这个理论是失败的。因为威尼斯每天有两次涨潮和落潮，要是按伽利略所想，那就只有一次。而且，伽利略拒绝了开普勒提出的月球运动引起潮汐的想法。一直反对伽利略的亚里士多德主义者趁机向教皇进言，证明伽利略的书支持日心说，违反了他和教皇曾经的约定，而且在言辞上冒犯了教皇，使教皇成为笑柄。

更重要的是，此时罗马教廷内外交困，外部忙于对抗法国和基督新教的压力，内部要平息觊觎教皇权力的纷争。世纪之交及乌尔班八世教廷曾经的开明景象一去不复返，教会开始采取更严格的态度，对付任何可能挑战教皇绝对权威的做法。伽利略的书试图挑战的，不仅是教皇个人，而且是整个神学的基础，更加难以原谅。

1633 年 2 月，伽利略拖着抱恙之身来到罗马的宗教裁判所。在严刑的威胁下，伽利略不得不作出妥协。同年 6 月 22 日，宗教裁判所宣判，勒令他放弃哥白尼主义，将他软禁，并将《关于托勒玫和哥白尼两大世界体系的对话》列入禁书（《天体运行论》已经在 1616 年被禁）。

被审判的伽利略在教会同情者和托斯卡纳大公国外交使节的帮助下，居家软禁，直到 1642 年 1 月 8 日去世。第二年 1 月 4 日，牛顿在英格兰出生。

在伽利略的时代，自然哲学还仅仅是对世间现象的解释。不过，随即而来的工业革命日渐显示了自然哲学拥有移山倒海的巨大潜力，科学和科学家的地位越来越重要，无法被忽视。1718 年，宗教裁判所解除了对伽利略著作的禁令，又过了 40 年《天体运行论》才被解禁。1737 年，伽利略的遗骨被重新安葬于佛罗伦萨圣十字教堂，与米开朗琪罗的遗骨面对面。他遗骨的右手中指被取下作为圣物，目前在佛罗伦萨的伽利略博物馆展出。

面对罗马宗教裁判所威胁的伽利略

克里斯蒂亚诺·班蒂于 1857 年所画。

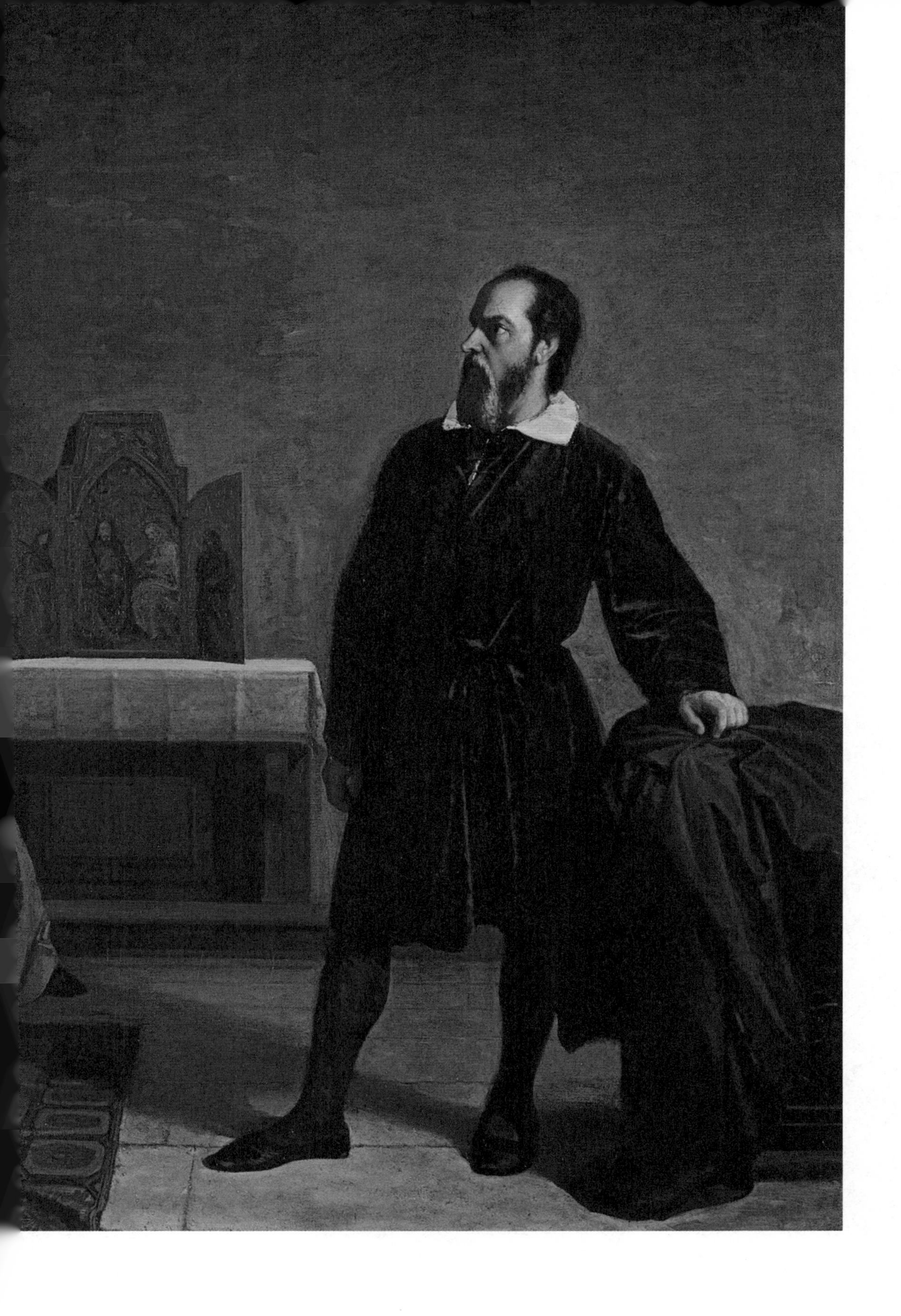

Robert Brown
Henry Kater
Thomas Young
Edw Jenner
H. Cavendish
Humphry Davy
John Dalton

1807年的科学家

第三章

牛顿物理学视野下的宇宙

1 从宇宙而来的牛顿物理学

牛 顿

彩虹、月亮、旋转陀螺、彗星、海洋的潮起潮落、落下的苹果……人们生活在同一个宇宙，却只有牛顿（1643—1727年，英国著名的物理学家、数学家）发现了它的诸多秘密。牛顿可以说是有史以来最伟大的科学天才，但他仍然是一个神秘的人物。

牛顿是一个拥有非凡想法的人物，他检验了很多以前积累的知识，抛弃了错误的观念，并以一己之力在数学、力学和光学方面取得了巨大的进步。在25岁的时候，牛顿自学成才，勾勒出了一个世界体系。

如果没有牛顿创立的体系，爱因斯坦的理论是不可想象的。牛顿也是一位秘密的异端、一位神秘主义者和一位炼金术士。爱德蒙·哈雷（1656—1742年）说：“没有人比他更接近众神！”

牛顿最重要的科学工作体现在《自然哲学的数学原理》上。这本书被认为是有史以来第一个完整的科学理论体系。牛顿大约用了一年半的时间把它写出来，但是他准备这部书实际上花了20年以上的时间。他在剑桥大学念书的时候，英国发生了一场大鼠疫。大鼠疫期间，他回到了故乡伍尔索普待了一年半时间，从那时开始他实际上已经在准备这部著作了。

他思考有关的问题，如是什么样的力把月球固定在围绕地球转动的轨道上，以及是什么样的力把地球约束在围绕太阳转动的轨道上。他想到这两种力应该是同样的力，而且这些力跟地面上物体的运动所受的力应该是同一种力。牛顿25岁左右就意识到这一点。那个时期他还研究了大量的微积分的问题。为什么呢？因为他研究行星的轨道推算出引力，需要发明一种前所未有的数学工具，这种工具就是我们后来知道的微积分，当时叫“流数方法”。

经过20年大量数据和观测经验的积累，大约1684年，牛顿把一篇题为《论轨道上物体的运动》的文章寄给了爱德蒙·哈雷。这里的轨道是指各种各样的轨道，是圆锥曲线上的各种形状的运动轨道。牛顿证明了所有这些轨道的运动都是受到万有引力的作用。具体到太阳系里的所有行星及彗星，它们的轨道形状都是椭圆的，这样它才能实现圆周的环绕运动。这篇论文也顺便讨论了海洋的潮汐运动，还有前所未知的彗星的运动。所以说这实际上是宇宙体系的一个蓝图。哈雷看了牛顿的论文以后，赶快到剑桥去找牛顿，建议牛顿写一部书，说这是一个非常了不起的工作，是一个前所未有的宏大设想。牛顿接受了哈雷的建议，把其他的工作都放下，专注地来写书，这就是《自然哲学的数学原理》。

PHILOSOPHIÆ
NATURALIS
PRINCIPIA
MATHEMATICA.

Autore IS. NEWTON, Trin. Coll. Cantab. Soc. Matheseos
Professore Lucasiano, & Societatis Regalis Sodali.

IMPRIMATUR.
S. PEPYS, Reg. Soc. PRÆSES.
Julii 5. 1686.

LONDINI,
Jussu Societatis Regiæ ac Typis Josephi Streater. Prostat apud
plures Bibliopolas. Anno MDCLXXXVII.

牛顿的《自然哲学的数学原理》书影

在这部著作中，牛顿用数学解释了哥白尼的日心说和天体运动的现象；还对潮汐现象作出了解释。他认为，潮汐产生的原因不但同月球引力有关，而且与太阳的引力也有关系。他还从理论上推测出地球不是正圆球体，而是两极稍扁、赤道略鼓，并由此解释了岁差等现象。在物理学上，牛顿在伽利略、开普勒等人成就的基础上，建立了三条运动基本定律和万有引力定律，由此建立了经典力学的理论体系。在数学上，牛顿和莱布尼茨几乎同时创立了微积分学，牛顿还创立了“牛顿二项式定理”。在光学方面，牛顿发现白色日光由不同颜色的光构成，并由此制成了著名的“牛顿色盘”；关于光的本质，牛顿认为光是一种粒子，创立了光的“微粒说”。

哥白尼革命的任务最终由牛顿完成了，牛顿将引力确立为万有之力——这个力可以同时使陨石坠落于地球，又可以使行星围绕太阳运行形成闭合的轨道。同时，牛顿将笛卡尔的机械论哲学、开普勒的行星运动定律及伽利略的地球上

苹果树下的牛顿

爱德蒙·哈雷

英国天文学家、牛津大学教授、格林尼治天文台台长，在胡克去世后接任英国皇家学会秘书。他首次利用万有引力定律推算出一个彗星的轨道和周期，该彗星被命名为“哈雷彗星”。

的运动法则综合为一个系统的广博理论。在一系列前所未有的数学发现中，牛顿确立了以下观点：行星要以开普勒第三定律所规定的相对速度和距离维持稳定的轨道，行星由于引力而必定被拉向太阳，而引力与到太阳的距离的平方成反比；不论是坠落到地球上的陨石，还是遥远的月亮，都遵守这个相同的定律。牛顿还根据这个平方反比定律从数学上得出了开普勒第一和第二定律所规定的行星运行的椭圆轨道和它们的速度变化（在相等的时间内扫过相等的面积）。由此，牛顿解决了哥白尼学说中面临的宇宙论的主要问题——推动行星的动力是什么、它们如何维持运行轨道、为什么重的物体落向地球。他满足了人们对一

哈雷彗星

牛顿的朋友爱德蒙·哈雷首先将牛顿定律用于彗星轨道的演算上，成功发现1531年、1607年和1682年这三次出现的彗星是同一颗，并预言它将在1758年底或1759年初再次出现地球的天空中。哈雷于1742年去世。1758年12月25日，德国天文学家约翰·格奥尔格·帕利茨奇首先发现哈雷预言即将回归的彗星，它因此得名“哈雷彗星”。从此，哈雷彗星的每一次回归都成为牛顿力学和天文学的庆典。目前，它下一次回归将是2061年。

种全新的、综合的及前后一致的宇宙论的需要，用他的一整套力学规律统一描述了天地宇宙。

依靠敏锐的物理直觉和数学演绎的精确性完美结合，牛顿创立了似乎可以支配整个宇宙的一些在物理学领域至关重要的定律。牛顿通过他的三大运动定律（惯性、加速度、作用力和反作用力）和万有引力理论，不仅为开普勒的所有定律确立了物理学基础，而且还能推导计算出海洋的潮汐运动、地球的岁差问题、彗星的运动轨道、炮弹飞行的轨迹，可以说天上的和地球上的所有已知的力学现象如今都统一在一套完整的物理定律之下。牛顿成功发现了宇宙的宏伟结构。笛卡尔曾将自然视为一部由数学法则支配并且通过人类的科学可加以理解的完美有序的机器，如今他的这种看法得到了牛顿的验证。

2 牛顿无限宇宙观念

在现代宇宙学诞生之前，牛顿的宇宙模型曾被奉为圭臬。它是由牛顿在哥白尼、开普勒等科学家前期大量观测研究的基础上总结研究而形成的。牛顿物理学在处理低速运动时足够精确，因此 20 世纪之前被称为“牛顿科学时代”。

日心说的提出和天文望远镜的观测应用极大地拓展了人们对于宇宙的认识，使人们的目光从太阳系的“果壳”延伸到了可能是无限的宇宙。牛顿在开普勒三定律的基础上创立了万有引力定律。根据万有引力定律，无论是地球上的物体还是宇宙中的天体都会受到万有引力的作用，彼此相互吸引。万有引力定律合理地解释了太阳系诸天体的运行，并且在力学上统一了天地，但万有引力对于宇宙的“稳定存在”是一个挑战。

在物理学上，引力理论的两个里程碑分别以牛顿万有引力定律和爱因斯坦广义相对论为基础而建立。宇宙学中也分别有牛顿的宇宙模型和以大爆炸学说为代表的标准宇宙学模型。

牛顿的宇宙模型认为宇宙是静态和无限的，并且遵循均匀各向同性的宇宙学原理。以牛顿为代表的传统宇宙观，虽然简单明了，并且容易被人接受，但也产生了不少佯谬，如引力佯谬、天黑佯谬等。

引力佯谬也称“本特利佯谬”，它是由与牛顿同时代的一个年轻神学家本特利提出来的。

1692 年，刚刚 30 岁的本特利成了基督教的布道者。本特利喜欢用牛顿的宇宙理论来反对无神论者，因为牛顿“稳定、无限、和谐运转”的宇宙理论体系符合基督教教义。但他也曾向牛顿提出一个疑问：如果宇宙是无限的，而物质之间又总是表现为吸引力，那么所有物质最终应该被吸引到一起，无限大的引力将使得整个世界产生爆炸或撕裂。

对于本特利提出的问题，牛顿承认自己的理论在这个问题上产生悖论，于是他将答案交于上帝。牛顿在回信中说：“需要一个持续不断的奇迹来防止太阳和恒星在引力作用下跑到一块儿。”又说：“行星现有运动不仅仅由于某个自然的原因，而是来自于一个全能主宰的推动。”

引力佯谬揭示出将引力理论应用到整个宇宙时所产生的矛盾。以太阳系为中心来分析这个问题，因为宇宙是无限的，在任何一个方向，都有无限多的星球在吸引着太阳系，因此总引力的合力无限大。不过，在相反的方向上，也有无限多的星球在往反方向吸引太阳系。两个无限大的力相减，结果似乎不确定。

天黑佯谬（也称“奥伯斯佯谬”）由德国天文学家奥伯斯于 1823 年提出，主要内容是：假如宇宙是稳恒态且无限，而且有无数平均分布的发光星体，则无论望向天上哪一位置都应该见到一颗星体的表面，星与星之间不应有黑暗的位置，夜晚整个天都是光亮的。在此之前，1610 年的开普勒和 18 世纪夏西亚科斯也曾提出类似的理论。黑暗的夜晚印证了宇宙是非稳恒态的，是大爆炸理论的证据之一。

3 太阳系的拓展和银河系的初步探索

威廉·赫歇尔

英国天文学家、音乐家弗里德里希·威廉·赫歇尔爵士（1738—1822 年）出生于德国汉诺威，曾作出多项天文发现，包括发现天王星等，被誉为“恒星天文学之父”。

1757 年，威廉·赫歇尔所在的乐团被派到英国，他的妹妹卡罗琳·赫歇尔也迁居英国与他一起生活。威廉·赫歇尔在很短的时间里便学会了英语，并成为优秀的音乐教师及乐团领队。除演奏管风琴及双簧管外，他还编写过很多首乐曲。后来，他成为巴斯公众音乐会的总监。

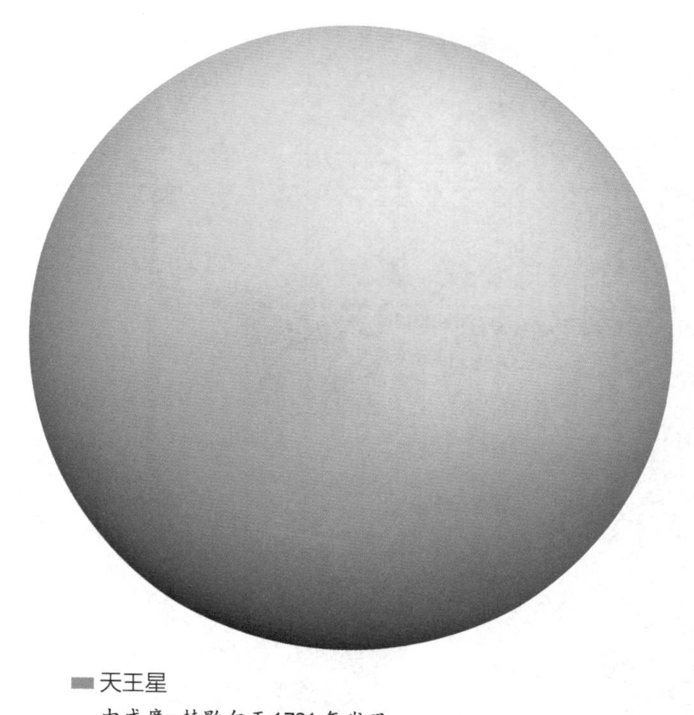

■ 天王星
由威廉·赫歇尔于1781年发现。

从 1773 年开始，威廉 · 赫歇尔逐渐对天文学产生浓厚的兴趣，并开始自制天文望远镜。在威廉 · 赫歇尔的早期天文学生涯中，他主要进行月球观测、月球山峰高度测量、双星目录编撰等研究。1781 年 3 月 13 日，他在观测双星时，意外地发现了一颗新的行星——天王星。这一重大发现使他声名鹊起，他也由此全身心地投入天文学的探索。起初他将新行星命名为“乔治星”，以歌颂英国当时的国王乔治三世，但这个名称没有被其他天文学家接受。1781 年 11 月，威廉 · 赫歇尔因发现天王星而获授科普利奖章，并成为英国皇家学会会员。次年，他受到乔治三世接见，并被任命为“皇家天文官”，年薪 200 英镑。已经荣誉满身的威廉 · 赫歇尔一面出任皇家天文官的工作，一面继续进行天文观测和探索，同时还不忘继续制作性能更好的天文望远镜，他制作的天文望远镜不少还卖给其他天文学家。

威廉·赫歇尔和妹妹卡罗琳·赫歇尔正在抛光一架望远镜镜片

出自1896年石版画。

1783 年，威廉 · 赫歇尔送给妹妹卡罗琳 · 赫歇尔一架望远镜，鼓励她进行天文观测。卡罗琳 · 赫歇尔没有让人失望，她先后发现了 8 颗彗星，观测到 11 个星云。1828 年，卡罗琳 · 赫歇尔受到英国伦敦天文学会表彰，由此成为威廉 · 赫歇尔的全职助理，为他撰写观测记录。

1785 年 6 月，因潮湿原因，威廉 · 赫歇尔和卡罗琳 · 赫歇尔搬到旧温莎的克莱庄园，1786 年又移居斯劳温莎路一处新住所，之后便长住于此，该房子又被称为“观测楼”。1788 年 5 月 7 日，威廉 · 赫歇尔在厄普斯顿的圣劳伦斯教堂迎娶了玛丽 · 鲍尔温 · 皮特。自此，卡罗琳 · 赫歇尔便搬出来单独居住，但仍然继续助理的工作。约翰 · 赫歇尔——威廉 · 赫歇尔夫妇唯一的儿子，于 1792 年 3 月 7 日于“观测楼”内出生，受父亲熏陶，日后也成为著名的天文学家。

威廉 · 赫歇尔一生共制作过 400 多架望远镜，其中最大、最著名的是一架 12 米长、口径 1.22 米的反射望远镜。英国皇家天文学会会徽上就有这架望远镜的图案。1789 年 8 月 28 日，在该望远镜第一次被使用时，赫歇尔便发现了土星的新卫星，一个月后又发现另一颗新卫星。不过，由于这架望远镜过于庞大，操作起来相当不便，威廉 · 赫歇尔大部分的

约翰 · 赫歇尔

威廉·赫歇尔的 1.22 米望远镜

焦距（镜筒）长达 12 米。

NGC 2683

由威廉·赫歇尔于1788年2月5日发现，后被证实是一个无棒旋涡星系。

观测利用的是另一台较小、焦距20英尺的望远镜。威廉·赫歇尔曾在位于巴斯的家中制作了多架望远镜，现在，这座见证了威廉·赫歇尔无数成果的房子成为“威廉·赫歇尔博物馆”。

1816年，威廉·赫歇尔获英国国王乔治四世册封的骑士爵位。1820年，他协助成立伦敦天文学会，翌年成为该学会主席。1822年8月25日，威廉赫歇尔于斯劳的观测楼内逝世，长眠于附近的圣劳伦斯教堂。而他协助成立的伦敦天文学会于1831年获皇家封号，成为英国皇家天文学会。

威廉·赫歇尔在他的天文生涯中，有着众多令人瞩目的发现。他发现了土星的两颗卫星——土卫一与土卫二、天王星的两颗卫星——天卫三与天卫四。威廉·赫歇尔去世后，他的儿子约翰·赫歇尔对这些天体进行了命名。威廉·赫歇尔生前还编制了一份详尽的“星云”列表和一份双星列表。他发现大部分双星

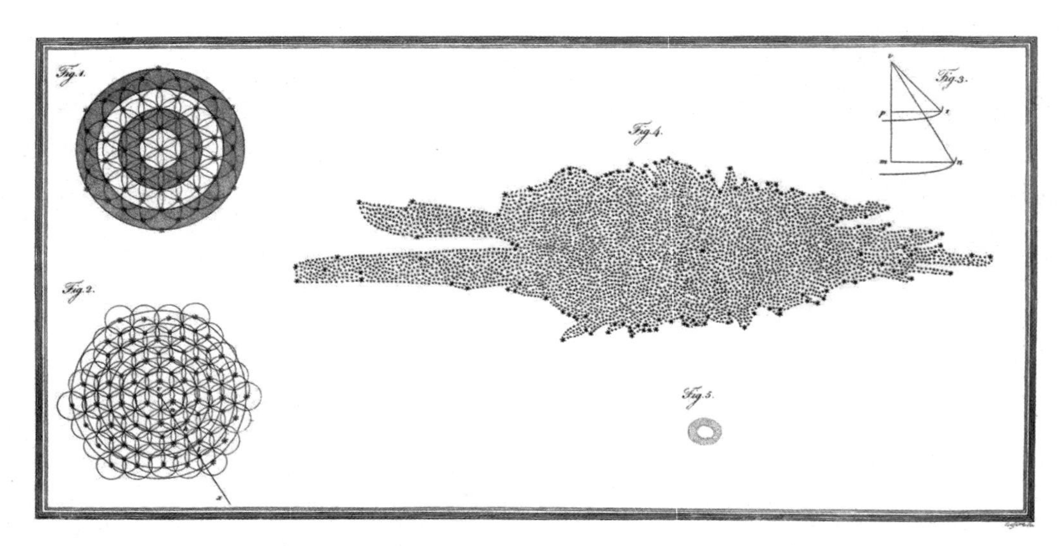

威廉·赫歇尔的银河系模型（1785年）

互相具有引力关系，并非“貌合神离”的光学双星，这证明了牛顿力学理论也适用于宇宙空间。他研究恒星的自行[1]，发现了太阳系正在宇宙中移动这一现象和该移动的大致方向。他研究银河的结构，得出银河呈圆盘状的结论。1800年，他研究测量太阳光谱的各个部分，在对光谱红端外进行测温时，他发现红端外的部分虽然没有颜色，温度却上升得最高，于是得出结论：太阳光中包含着处于红光以外我们用肉眼看不见的光线，现在人们称之为“红外辐射”。在海因里希·奥伯斯于1802年发现智神星后，威廉·赫歇尔首先将这种天体命名为小行星，意指呈恒星状的小光点。这些成就了大天文学家威廉·赫歇尔这位璀璨的天文学明星。

---

❶ 自行：恒星和其他天体相对太阳系，在垂直于观测者视线方向上的角位移或单位时间内角位移量。

4 星云是不是宇宙岛

梅西叶

搜寻星云的彗星猎手

研究天文时，我们经常会接触到以大写字母 M 开头的天体名称，如知名的 M87 星系，人类曾在此处拍摄黑洞；还有 M31，这是我们熟悉的仙女座星系。这里的 M 是梅西叶星表中所记录的星云名称的前缀，它的编纂者就是天文学家梅西叶（1730—1817 年）。接下来我们就讲讲，这个小时候想成为“彗星猎手”的天文学家是如何编制出星云表的。

18 世纪中期，随着天文望远镜制作技术的不断进步，天文学家们获得了许多前所未有的新发现。除了新的卫星，人们还观测到了数十万颗曾经用肉眼无法看到的暗恒星。同时，寻找彗星的活动也方兴未艾，在当时，寻找彗星是一种高档次的兴趣爱好，拿着望远镜观天的人大都是些有钱而且有闲时间的人，这些人被称为“彗星猎手”。

寻找彗星并不容易，当彗星离太阳尚远时，天文望远镜所能观测到的只是一个模糊、黯淡、弥散的小光斑，只有当彗星比木星更接近太阳的时候才能观测到大家印象中绚丽醒目的尾巴。而与太阳相距较远的彗星之所以能被识别出来，是因为它的位置相对于恒星背景会有所变化，只要持续数天进行观察即可发现这种变化。

但星海浩渺，绝大多数的“彗星猎手”往往在花费很多个夜晚持续观察同一个疑似“彗星”的光斑之后遗憾地发现：这颗“彗星”总是原地不动。这种神似彗星的天体在当时叫“星云”，它们在恒星背景中用黯淡的云雾状光斑“骗”了无数心怀期待的观测者。

1744 年大彗星引发轰动时，也引起了一个 14 岁孩子的极大兴趣，他的名字叫查尔斯 · 梅西叶。这种兴趣带动他在天文领域不断探索，最终成了一名天文学家。1758 年，他同其他天文爱好者一样，期待着由哈雷预测出的那次大彗星的回归。但他用望远镜搜寻尚在远方的哈雷彗星时，同样找错了对象。他起初观测到了一个模糊的光斑，但持续跟踪观测后才发现这个目标根本不会动，他这才意识到这个光斑不可能是哈雷彗星。这个光斑正是今天著名的蟹状星云，它是 1054 年那次超新星爆发事件留下的残迹，后来被梅西叶编码为 M1。

其实梅西叶一生的观测成果是丰硕的，他一共发现了 13 颗新彗星，但他对天文学的最大贡献却是他编订的《梅西叶星云星团表》——第一份汇总和描述那些拥有固定位置的深空模糊天体的列表。虽然梅西叶制作这个列表的初衷是帮助其他“彗星猎手”分辨和避开一些可能被误认为彗星的光泽黯淡的固定天体目标，但在后世的天文学界，这份星表的意义远超于此。

《梅西叶星云星团表》中记录下的黯淡天体后来还成了证明太阳系甚至银河系之外存在着更为广阔的宇宙的有力证据。表中记录的这些天体，如今已经被证明是由许多疏散星团、球状星团、恒星遗迹、恒星形成区域、旋涡星系、椭圆星系等组成的大集合。在现代天文学中，这些天体中的每一类都已经有了明确的含义和科学价值。

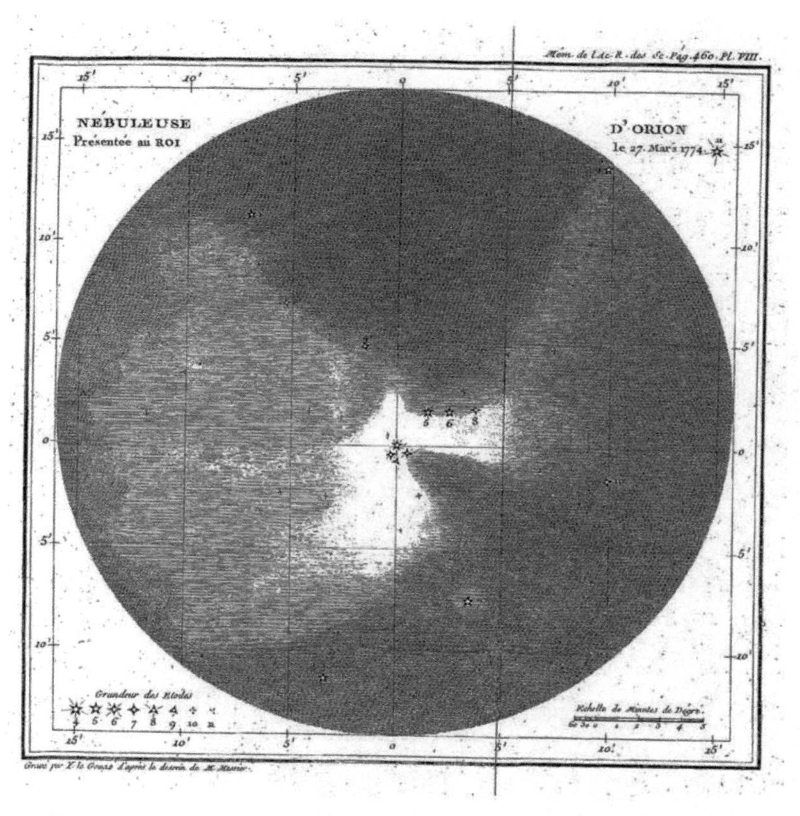

梅西叶绘制的猎户座星云(M42)

梅西叶天体M17

梅西叶天体 M8

梅西叶天体 M16

梅西叶天体 M61

康德的“微粒假说”

1755 年，德国哲学家康德（1724—1804 年）在《自然通史和天体论》一书中，根据万有引力原理提出了“微粒假说”。假说的主要内容是：宇宙中散布着微粒状的弥漫物质，称为“原始物质”。在万有引力作用下，较大的微粒

康 德

康德居住过的房子

吸引较小的微粒，并逐渐聚集加速，结果在弥漫物质团的中心形成巨大的球体，即原始太阳。周围的微粒在向太阳这一引力中心垂直下落时，一部分因受到其他微粒的排斥而改变了方向，斜着下落，从而绕太阳转动。最初，转动有不同的方向，后来有一个主导方向占了上风，便形成一扁平的旋转状星云。云状物质后来又逐渐聚集成不同大小的团块，从而形成行星。行星在引力和斥力共同作用下绕太阳旋转。康德关于太阳系是由宇宙中的微粒在万有引力作用下逐渐形成的基本观点是可取的，它能说明行星运行轨道具有的共面性、近圆性、同向性等特点，但康德假说解释不了太阳系的角动量[1]来源。

[1] 角动量：转动物体的转动惯量和角速度的乘积。

拉普拉斯的“星云假说”

1796 年，法国数学家拉普拉斯（1749—1827 年）提出了“星云假说”。他提出，太阳系是由一个灼热的气体星云冷却收缩而形成的。在拉普拉斯的理论中，这个星云呈球状，直径比今天太阳系直径大得多，在宇宙中缓慢地自转着。后来，星云由于冷却而收缩，随着体积的缩小，其自转速度逐渐变快，引力增大，星云的中心部分最后形成太阳，星云中向引力中心下落的微粒和团块由于斥力而偏离引力中心，使下落运动成为围绕引力中心的圆周运动，故星云逐渐变扁。围绕中心运动的质量较大的微粒和团块在斥力的作用下开始旋转，行星周围的物质围绕行星旋转，形成一个旋转的气环。上述过程重复发生，又形成另一个旋转的气环，最终形成了与行星数相等的气环（拉普拉斯环）。各环在绕太阳旋转的过程中逐渐聚集形成行星，行星也同样发生上述作用，形成卫星。拉普拉斯推测土星的光环可能就是由尚未聚集成卫星的许多质点构成的。拉普拉斯的假说用与康德相似的方式解释了行星运行轨道的各个特点，虽然明确了组成太阳、行星和卫星的元素一致性，也能解释太阳系角动量的由来，但遗憾的是，其未能对这一假说中角动量分配的特点给出解释。

拉普拉斯

“宇宙岛假说”的证实

“宇宙岛”又称“恒星宇宙”“恒星岛”，这一名称最初出现在德国博物学家洪保德的著作《宇宙》第三卷中，因为它形象地表达了星系在宇宙中的分布，被天文学家们广泛采用。

宇宙岛是人们对星系极其形象的称呼。宇宙在大爆炸之后的膨胀过程中，分布不均匀的物质受到引力的作用逐渐聚集形成一个个星系，即宇宙岛。天文学家通过观测看到许多雾状的星云，便猜测它们可能是由很多恒星构成的，只是离得太远，人们无法一一分辨出来。后来，**英国天文学家威廉·赫歇尔发现许多星云可分解成恒星群，而另一些星云无法分解，于是他提出了星云并非宇宙岛的观点**。到了 20 世纪，科学家们经过精确的测量和论证，才把河外星系定名为“宇宙岛”。

16 世纪末，意大利科学家布鲁诺曾大胆推测恒星世界的结构，提出恒星都是遥远的太阳的观点。到了 18 世纪中叶，随着天文观测技术的进步，人们通过测定恒星视差的初步尝试验证了布鲁诺的推测。于是，人们开始研究恒星的空间分布和恒星系统的性质。1750 年，英国人赖特对银河系的形态，即恒星在银河方向的密集现象产生了兴趣并进行了深入研究。赖特提出一种银河系形态的假设，即天上所有的天体共同组成一个形状如磨盘的扁平系统——银河系，我们的太阳不过是银河系中的一颗恒星。1755 年，德国哲学家康德写下《自然通史和天体论》，对赖特的假设进一步细化，明确提出“广大无边的宇宙”之中有“数量无限的世界和星系”。同时，斯维登堡和朗伯特等人都发表了相似的见解，这就是“宇宙岛假说”的渊源。虽然受限于当时的科技水平和认知程度，人们把河内星云（银河星云）和河外星云（银河系以外的星系）都当作星系，甚至尚未正确认识银河系本身的大小和形状，加之种种外因让“宇宙岛假说”难以被证实，但“宇宙岛假说”仍被人们不断提起和完善。直到 1924 年，哈勃测定了仙女星系的距离，确凿无疑地证明了在银河系之外还有无数与银河系相当的恒星系统，“宇宙岛假说”才得到证实。

发现宇宙微波背景辐射的喇叭天线

第四章

爱因斯坦和大爆炸宇宙学的诞生

1 时间和空间都不一样了

1919 年发生在非洲的日全食是牛顿经典力学与爱因斯坦相对论的一次“巅峰对决”。在此前两百多年的时间里，从苹果落地到发现新行星，从杠杆到蒸汽机，牛顿力学“一统江山”。科学家们一度以为，到 19 世纪末，物理学已经终结。牛顿理论的基础是平直空间，空间是没有边界、处处均匀的，时间就在

爱因斯坦

这个“绝对空间”框架中均匀地流淌。很少有科学家会怀疑这个基础，直到爱因斯坦相对论的出现。

爱因斯坦（1879—1955 年）的理论直接挑战了牛顿的“绝对时空”观念。1905 年，年仅 26 岁的爱因斯坦发表了一篇关于狭义相对论的文章，他在文章中将运动、空间和时间整合为一体。狭义相对论的问世在物理学领域引起了巨大震动，这一理论得到了德国学术泰斗普朗克的赞赏，他请爱因斯坦到当时世界科学的中心——柏林大学任教。10 年后，爱因斯坦又将引力整合到相对论中，于 1915 年发表了广义相对论。广义相对论认为空间不是平直的，而是弯曲的，质量（如太阳）的存在，使得空间弯曲，行星就是沿着弯曲空间中的“直线”进行运动。可惜此时的爱因斯坦不过 36 岁，只是科学圈的“新兵”，他提出的理论超越了绝大多数人的认知，而且在理论没有得到实验证实前，几乎无法说服当时“言必称牛顿”的科学家们，但英吉利海峡对岸一位更年轻的科学家却与他产生了共鸣。

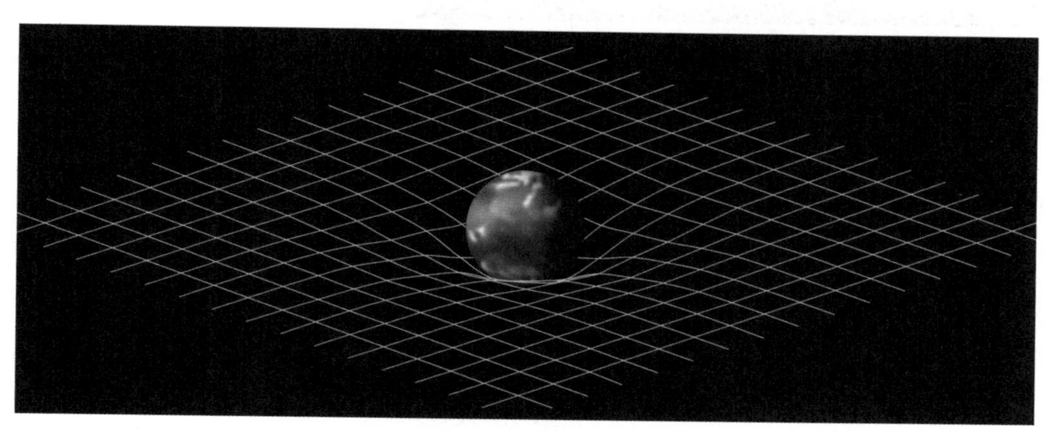

由行星质量引起的时空变形的晶格模拟

剑桥大学天文学家爱丁顿（1882—1944 年）是一位贵格会派（Quakers，又称“教友派”）教徒。这个教派主张宗教信仰自由，奉行和平主义，并拒绝服任何形式的兵役。爱丁顿是个颇有意思的人，他很喜欢大的数字，给学生上

爱丁顿

课的时候用到几十亿这样的大数字，他一定要把所有的零都写出来；他甚至过于相信整数，比如当时物理学中的精细结构常数大约是 1/136，他认为分母应该取整数 136，后来实验结果发现其实更接近 1/137，他又坚持应该取整数 137（实际精确测量的结果分母上必须挂上一串小数），因此学生们给他取了绰号“Adding One”（整数先生）。第一次世界大战期间（1914—1918 年），英德双方的科学家被高涨的民族主义情绪所感染，几乎断绝了学术往来，但爱丁顿一直关注着爱因斯坦的学术进展，深刻地理解了广义相对论的价值。巧合的是，这两位科学家都反对战争，认为这场战争是荒谬的，当时许多科学家对战争的支持、人们对于杀戮的狂热是不可理喻的。

爱因斯坦发表广义相对论时，第一次世界大战已经打响，他的论文通过当时的中立国——荷兰的科学家德西特（后来在宇宙学方面也作出了重要贡献）送到了爱丁顿手中，他深知只有爱丁顿才能理解这个理论。爱因斯坦预言经过太阳附近的星光路径会发生弯曲，从而看上去（与夜晚看到的）位置有所移动。按照牛顿理论，光线经过太阳边缘时，弯曲角度约 0.87 角秒（1 角秒是 1 度的

1/3 600），而广义相对论给出的结果则是 1.75 角秒，比牛顿理论的预言要大 1 倍。

爱丁顿敏锐地认识到，在发生日全食的时候，太阳光完全被遮挡，观测太阳附近星光偏折就可以用来检验爱因斯坦的预言，于是积极为此事而奔走，向同事们宣讲对广义相对论进行验证的重要性，他所撰写的《相对论的数学原理》被爱因斯坦称为这一领域的最佳作品。当时的皇家天文学家戴森爵士发现，1919 年 5 月 29 日的日全食符合进行这个检验的理想条件，不仅全食阶段持续长达 6 分钟，而且此时太阳正好位于七姐妹星团前面，这个星团的恒星相当明亮，非常适合检验爱因斯坦的预言。在戴森的游说下，英国政府决定，作为对爱丁顿拒绝服兵役的“惩罚”（其他拒绝服役的贵格会派教徒已经被送到苦役营削土豆了），如果战争在 1919 年结束，责成爱丁顿带领一支探险队前往非洲观测日全食，检验星光的弯曲。

爱丁顿拍摄的日食照片

1919 年 5 月 29 日的日全食本影从南美西岸开始，经过巴西北部，跨越大西洋，抵达非洲中部东海岸。为了保险起见，英国派出了两支探险队：一支由格林尼治天文台的安德鲁·克罗莫林带队，前往巴西索布拉尔；一支由爱丁顿带领，前往非洲西岸几内亚湾的普林西比岛。同年 6 月的皇家天文学会杂志刊登了两支观测队发回来的电报，克罗莫林说：“日食精彩。”而爱丁顿的电报则多少带一些沮丧：“有云，但仍有希望。”

因为星光偏折的程度随星光距离太阳边缘远近而有所变化，爱丁顿与戴森多次讨论后，对观测结果的重要性作出评判，用加权平均的方法得出偏离 1.64 角秒的结果，与爱因斯坦的预言很接近。这个结果在 1919 年 11 月 6 日皇家天文学会的特别会议上宣布。英国《泰晤士报》立刻报道了这个消息，11 月 7 日的头版头条新闻是《科学革命：宇宙新理论！牛顿学说被推翻！》（*Revolution in Science / New Theory of the Universe / Newtonian Ideas Overthrows*）。不修边幅的爱因斯坦教授立刻成为媒体争相报道的对象，变成了家喻户晓的科学明星。

爱丁顿公布的结果虽然被大多数科学家所接受，并成为广义相对论早期的支持证据之一，但也并非没有科学家怀疑，毕竟对于爱因斯坦预言来说，观测结果误差也很高，更别说爱丁顿舍弃了明显“不正确”的结果。因此，有些科学家拒绝承认爱丁顿公布的结果。随后的日全食观测中，测量星光偏折、验证广义相对论成为一项重要的观测内容。由于干扰因素比较多，总精度提高并不大。

20 世纪 60 年代，室女座类星体 3C 273 和 3C 279 的发现为非日食观测星光偏折提供了方法。每年 10 月 8 日，太阳就会遮蔽这两颗相距很近的类星体，射电天文学家用观测两者间隔变化代替观测单颗类星体方向变化的方法将误差降低到 1.5%。20 世纪末，欧洲航天局发射了专门用于测量恒星位置的依巴谷卫星（Hipparcos 卫星），不需要日全食就可以测定太阳附近恒星星光偏折。与爱丁顿的观测方式相比，卫星给出的数据与爱因斯坦的预言误差不超过 1/1 000。

爱因斯坦的广义相对论代表了人类思想的洞察力所能够达到的高度，由此爱因斯坦成为第一次世界大战后彷徨的人们的偶像。直到今天，爱因斯坦的公众影响力仍无人超越，但是为此作出重要贡献的爱丁顿却很少为大众所知。

2

爱因斯坦『最大的错误』

牛顿物理学主导物理学界 200 多年，解释了几乎所有的自然现象，战胜了无数的困难，貌似坚不可摧。19 世纪末的一些物理学家认为物理学问题已经被牛顿理论解决完了，但没有想到，广义相对论在牛顿力学出发的地方——太阳系就打败了它，这就是水星的进动问题。

1905 年，爱因斯坦发表狭义相对论，同年他又发表了一篇探讨狭义相对论中重力和加速度对光线影响的论文，这篇论文正是爱因斯坦广义相对论形成的雏形。7 年后，爱因斯坦发表了另外一篇论文，这次论文的主题更进一步，开始探讨如何用几何的语言来描述引力场。这篇论文标志着广义相对论发展出了运动学。到了 1915 年，爱因斯坦运用广义相对论解释了水星进动问题，这使爱因斯坦完成了广义相对论的证明，并进行了发表。

1915 年后，在求解场方程、寻求解的物理解释及可能的实验与观测方面，广义相对论取得了长足的进步。其中场方程是非线性偏微分方程，在电脑普遍应用于科学计算之前，受限于人工计算，只得到了少数的精确解，其中最著名的有三个：史瓦西解、雷斯勒 - 诺斯特朗姆解、克尔解。

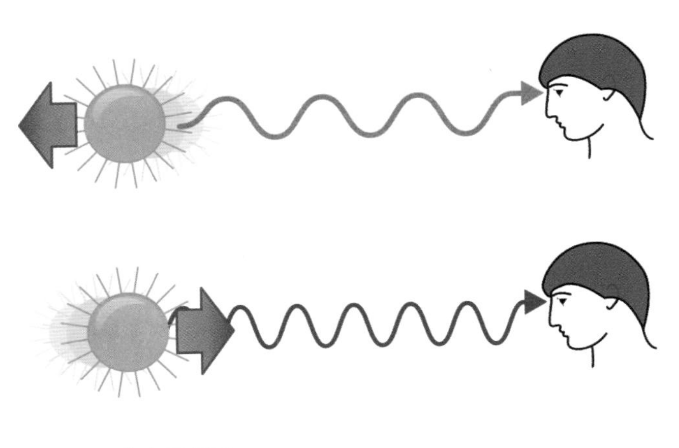
红移、蓝移示意图

在广义相对论的实验验证上，有著名的三大验证。其一是水星进动验证。长久以来，在水星近日点每百年 43 秒的剩余进动令人们一筹莫展，但广义相对论提供了合理解释。其二是光线在引力场中的弯曲。科学家利用 1919 年 5 月 29 日日全食观测结果、当时先进的类星体观测结果和依巴谷卫星观测结果，综合分析后证实了广义相对论是正确的。其三是引力红移验证。根据广义相对论，在引力场中的时钟会变慢，因此从恒星表面发射到地球上的光线，其光谱线会发生红移，高精度的实验又一次证明了这一点。这三大验证使广义相对论的正确性得到了学界广泛的承认。

宇宙膨胀的证明是广义相对论带来的另一场震撼。从 1922 年开始，不断有研究者发现，根据场方程所得出的解证明了我们的宇宙正在膨胀，就连广义相对论的提出者爱因斯坦都对此感到相当惊讶。为了得出稳定的解，爱因斯坦尝试在场方程中加入一个宇宙常数。但这反而增加了两个问题：在理论上，这个解不稳定，一经微扰便会膨胀或收缩；在观测上，1929 年，哈勃的观测结果证明了宇宙其实是在膨胀的。最终，爱因斯坦放弃了宇宙常数，并宣称这是“我一生最大的错误”(the biggest blunder in my career)。

幸好并非像传说的那样只有爱因斯坦等少数几个人懂广义相对论，好几位物理学家开始致力于用广义相对论建立宇宙模型。1924 年，苏联科学家提出了“膨胀宇宙”的模型。

对于当时的天文学家和物理学家来说，“膨胀宇宙”是个不可思议的怪事，因为天文学观测还没有给出任何证据表明“永恒”的宇宙会发生变化。1927年，比利时天文学家勒梅特（1894—1966年）重新发现了爱因斯坦方程的膨胀解，他指出宇宙可能是从“原初原子”或者“宇宙蛋”这样一个很小的尺度演化而来，但他不是很自信地说：“我们仍需要解释宇宙膨胀的原因。”

勒梅特和爱因斯坦的合影

照片中从左起依次为：罗伯特·安德鲁·密立根（1868—1953年，美国实验物理学家）、勒梅特、爱因斯坦。照片摄于1933年1月，加利福尼亚州理工学院。

仅仅两年后，年轻的哈勃发现星系存在系统红移：宇宙竟然正在膨胀！牛顿的绝对时空至此再也无法立足，宇宙膨胀成为新的“科学宇宙观”。

■ 索尔维会议合影

1927 年，此次会议在比利时布鲁塞尔索尔维国际物理研究所举行，很多当时著名的物理学家参加了此次会议。图中爱因斯坦坐在前排中央。

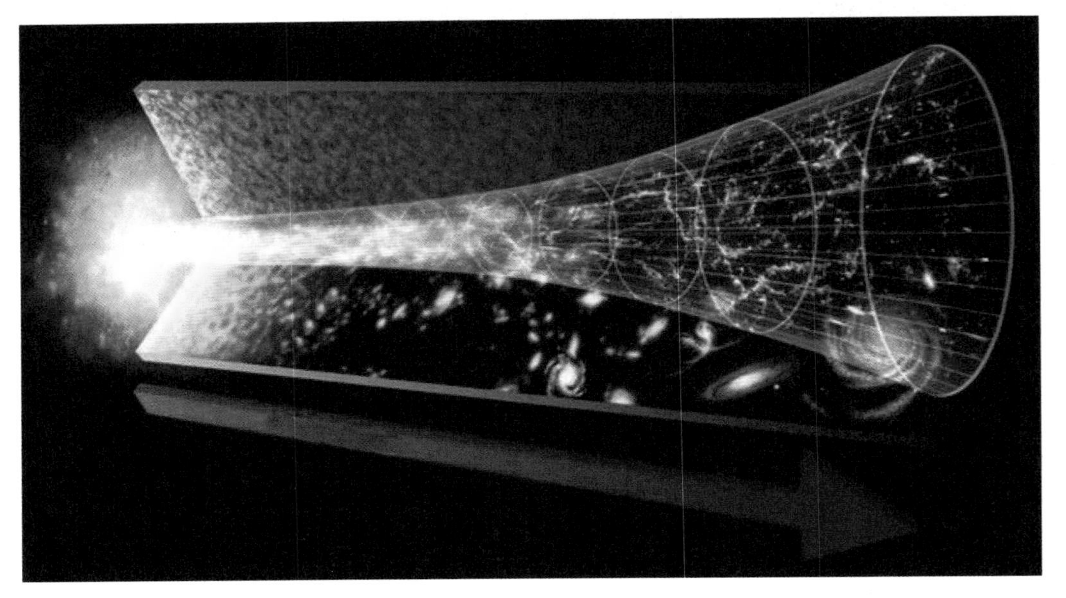

■ 宇宙膨胀示意图

3 哈勃发现宇宙在膨胀

在 1664“奇迹年”中，牛顿用三棱镜研究太阳光，发现我们所见到的白光实际上是由七色光组成的，从而开创了光谱学。对光的传播和本质的讨论成为牛顿理论的一个重要内容。有趣的是，尽管 19 世纪的科学家仍然在“牛顿宇宙”中工作，但在光谱学领域已经取得了许多“非牛顿”的研究成果，只是当时的科学家还没有意识到这一点。

1802 年，托马斯 · 杨（1773—1829 年，英国物理学家）向英国皇家学会提交了《关于光和颜色的理论》，用光的双缝干涉证明了光的波动理论的正确性，并用衍射光栅首次测量了不同颜色的光的波长。

1817 年，玻璃工出身的德国科学家夫琅和费（1787—1826 年）仔细研究了太阳光谱，发现了太阳光谱中的暗线，随后他还发现恒星光谱中也有同样的暗线存在。

1859 年，基尔霍夫（1824—1887 年，德国物理学家）在实验室中观察了光线通过火焰之后的吸收光谱，发现了辐射特性与吸收特性的关系，从而明白了夫琅和费光谱中对应实验室钠元素光谱的暗

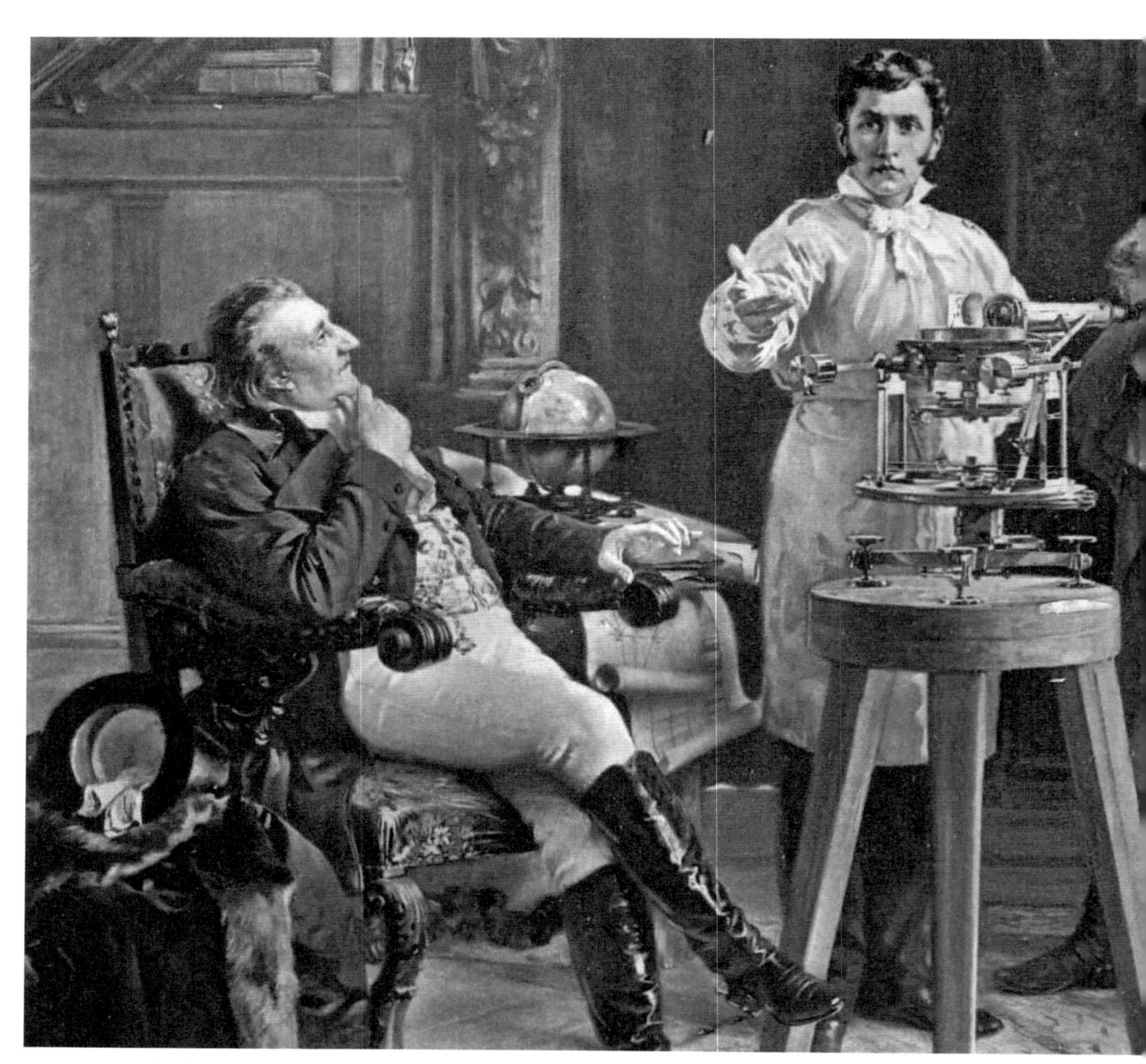

夫琅和费演示分光镜

托马斯·杨

基尔霍夫

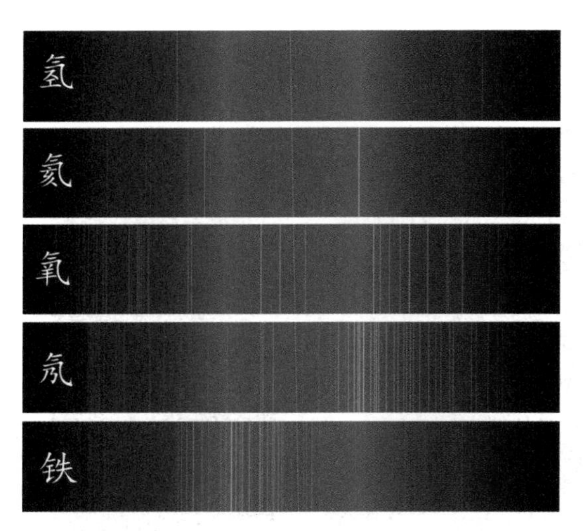

不同元素的光谱

基尔霍夫发现，每个元素都有各自独特的谱线，通过实验证明了夫琅和费光谱中对应实验室钠元素光谱的暗线，意味着太阳中存在和地球上相同的钠元素。光谱学成为确定远距离天体构成的工具。

爱德文·哈勃

线意味着太阳中存在和地球上相同的钠元素。继牛顿的万有引力之后，这一发现从物质成分的角度统一了天体和地球。

对于恒星光谱分类的研究从19世纪中期一直持续到20世纪，并延续到今天。由于许多天体无法得到直观的图像，光谱成为辨别它们最主要的“身份证”，使天文学家可以测量恒星的光度和距离。1924年，爱德文·哈勃（1889—1953年，美国天文学家）正是在美国女天文学家勒维特发现造父变星周光关系的基础上，证明了仙女座星云其实是河外星系，从而开创了河外星系天文学。1926年，哈勃用统计方法证明在银河系附近，星系是均匀分布的。他估计，根据天文底片和望远镜尺寸的增长速度，在可预见的时间里，人们能够观测到爱因斯坦宇宙中相当大的一部分。

在1929年研究河外星系的距离与径向速度时，哈勃得出了一项意义重大的发现——诸星系正在远离我们，其远离的速度与其到我们的距离成正比，也即距离较远的星系比距离较近的星系远离我们的速度更快，这就是哈勃定律[1]。这个发现让爱因斯坦尴尬的同时也让他受到鼓舞，他本可以在观测提供证据之前就发现宇宙可能是在膨胀的。

哈勃定律的公式反映了一个星系的退行速度——其远离我们的速度——与该星系距离之间的直接关系：

$$v=H_0 \times d$$

其中，v 为退行速度，d 为星系距离，H_0 为比例常数，称为“哈勃常数”。

根据这种确定的关系，我们可绘制出直观的哈勃图。

当然，哈勃定律绝不意味着我们在宇宙中的位置有任何特别之处。宇宙中所

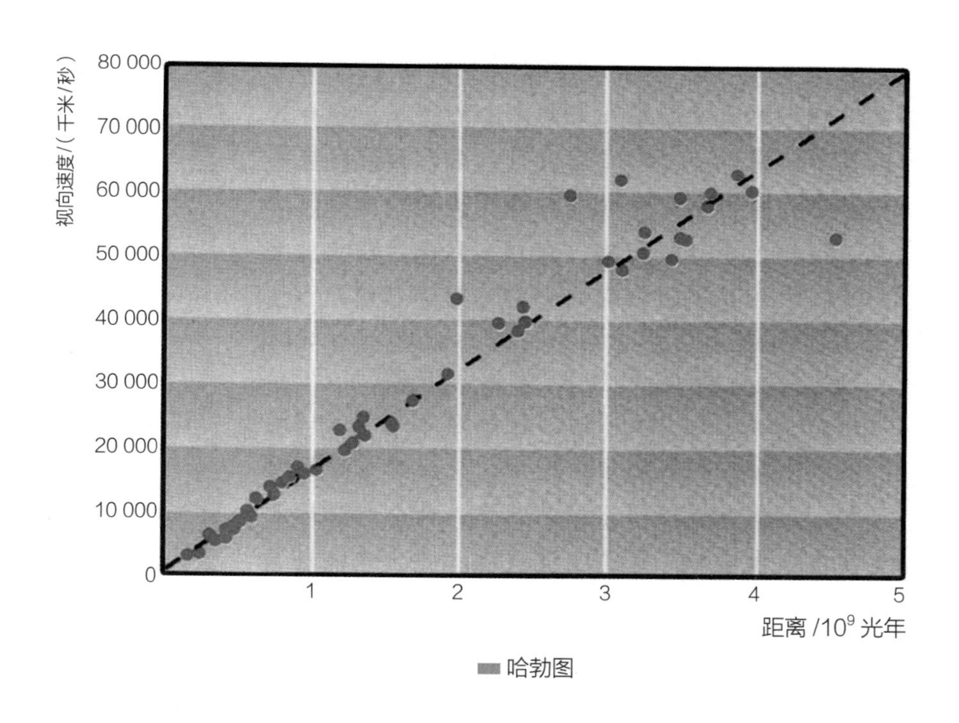

---

[1] 这条定律最初称为“哈勃定律”，2018 年 10 月，经国际天文学联合会表决通过，更名为“哈勃－勒梅特定律”，以纪念更早发现宇宙膨胀的比利时天文学家乔治• 勒梅特。

有的点皆在彼此远离，因此栖居在任何星系中的智慧生命皆会观测到其他所有星系正在远离自己，除非所观测的星系与观测者自己身处同一个在引力作用下成群移动的星系群或星系团中。哈勃的这项发现揭示了宇宙正在膨胀而非静止不动的事实。

此项发现还有一个更为深远的影响，那便是其自然地引向了宇宙诞生伊始必然有一个极其致密的开端这一结论。既然星系在随时间不断地彼此远离，那么过去的某一时刻，诸星系必然无限靠近彼此，乃至聚集在一个密度无限大的奇点处。由此，哈勃的发现为大爆炸宇宙学（Big Bang Cosmology）奠定了坚实的基础。

4 宇宙微波背景辐射的发现

大爆炸宇宙学的确立

在 20 世纪二三十年代，科学界的主要精力被新兴的量子力学所吸引，天体物理学家致力于用量子力学和核物理学解释恒星的能量来源，而宇宙学仅仅得到星系红移的支持，只有少数科学家注意到了宇宙学可以和量子力学结合起来。

出生在俄国的乔治· 伽莫夫（1904—1968 年，美国核物理学家）在年轻时代发现了解释 α 衰变的“势垒穿透”的伽莫夫公式，这是量子力学在原子核研究上最早的成就之一。伽莫夫因此获得了丹麦理论物理学家尼尔斯 · 玻尔（1885—1962 年）的赏识。伽莫夫曾经是弗里德曼的学生，对于宇宙膨胀的观念当然不陌生。勒梅特的“宇宙蛋”给伽莫夫提供了研究灵感。勒梅特认为，“宇宙蛋”里可能是高密度的质子、电子和氦原子核，这些简单的粒子是所有化学元素的起源。

1948 年的愚人节，一篇署名为阿尔弗、贝特和伽莫夫的论文发表在《物理学评论》杂志上。在这篇文章中，作者从“中子海”算起，描述了宇宙最初 3 分钟经历的物理过程，解释了氢、氦元素的形成，这个理论被称为“α β γ 理论”（作者姓名的拉丁词根）。同年，伽莫夫的两个学生阿尔弗和赫尔曼对原初核合成计算进行了细化，他们意识到宇宙早期的状态不是物质而是充满了辐射，这些辐射一直遗留到了现在。他们算出的热背景温度约为 5 开尔文，这是大爆炸宇宙学第一个科学预言。伽莫夫没有意识到，当时已经存在能够探测 5 开尔文这样低温辐射的技术，而且就在《物理学评论》“α β γ 理论”论文的同一卷上，物理学家狄克发表了用雷达观测到星际气体温度不会高于 20 开尔文的文章，但此时谁也没有把它与宇宙微波背景辐射联系起来。

后面的故事就是很多人所熟悉的了。1964 年，贝尔实验室的工程师阿诺·彭齐亚斯和罗伯特·威尔逊在调试一台天线时发现有一种背景噪声无论如何都无法去除，无论天线朝向哪个方向，他们甚至清理了天线上的鸟粪、重新

彭齐亚斯和威尔逊发现宇宙微波背景辐射的霍姆德尔喇叭天线

组装了天线，噪声依然存在。与此同时，有一伙天文学家却在苦苦追寻宇宙大爆炸理论所预言的宇宙背景辐射。

根据大爆炸学说，在创世大爆炸之初，尚未形成恒星与星系，宇宙中充斥着致密、高温的氢等离子体及辐射。随着宇宙膨胀、冷却，离子和电子几乎在瞬间复合形成中性粒子，从此光子开始在宇宙中畅通无阻，而不是不断被等离子体散射，这一事件被称为“光子退耦”。宇宙在这一刻突然变得透明，此时宇宙的年龄是 38 万年。

光子退耦时，从混沌中走出来的光子就带着创世的信息，一直穿行在宇宙中，直到撞上人类的探测器。这种辐射就是“宇宙微波背景辐射”，就像大爆炸的遗产，所以又被称为“遗留辐射”。宇宙的膨胀会使这些光子越来越暗，波长越来越长，能量越来越低。根据有关理论，如今的宇宙微波背景辐射应当

宇宙微波背景辐射

相当于 2.7 开尔文的黑体辐射。工程师彭齐亚斯和威尔逊的事情很快被天文学家知道了，就这样，人类看到了创世纪的第一缕曙光。1978 年的诺贝尔物理学奖授予了发现宇宙微波背景辐射的彭齐亚斯和威尔逊。

宇宙学的黄金时代

第二次世界大战之后，计算技术、雷达技术被应用于天文学研究，天文学观测逐渐从传统的光学波段拓展到射电、X 射线和伽马射线等全电磁波段，观测设备也从单纯的望远镜发展到气球、火箭和卫星，宇宙学迎来了它的黄金时代。

哥白尼之前的“宇宙”以地球为中心，是一个“安全而舒适”的宇宙。牛顿时代的宇宙在时空上是无限的，在物理上却是永恒和安静的，时间在静谧的空间流淌，人类面对着不可知的过去和不可知的未来。广义相对论向人们展现的宇宙是动荡不安的，它有一个开始，也可能有一个终结。

20 世纪 60 年代以来的天文学观测发现，宇宙不仅是演化的，而且是暴烈的：恒星在诞生和爆炸，黑洞埋藏在几乎每个大星系的深处，就连庞大的星系也存在碰撞与并合；恒星、黑洞、中子星、类星体都存在强烈的辐射，具有极高能量的宇宙射线每天都在轰击地球，安静的宇宙变得喧嚣起来。

与这些发现同时发生的是，物理学家们开始从量子力学和核物理研究转向天体物理学和宇宙学，天文学从独立的传统“方位天文学”转而成为物理学的一部分。研究天文的人数与日俱增，成立于1919年的国际天文学联合会（IAU）人数从1922年的200人，1938年的550人，增长到2003年的9 100人。

经过几十年的争论之后，20世纪90年代，宇宙学家们终于确立了“标准宇宙学模型”。其能够解释宇宙从极早期的“暴胀”到形成如今大尺度结构的过程，能够说明早期留下的微弱扰动如何迅速演化出恒星、星系和星系团等可以观测的天体。天体物理学家们对于恒星、星系的演化过程也获得了较为满意的答案。

“标准宇宙学模型”的建立并不意味着解决了宇宙学和天体物理学中的所有问题，恰恰相反，有更多的问题正在等待天文学家去解决。还没有完全解决的类星体、星系核问题，以及新提出的星系在宇宙早期已经“成熟”的问题，考验着下一代的天文观测技术和天文学家的耐心。

从20世纪30年代发现的暗物质，到1998年确认的暗能量，这两个“看不见”的宇宙成分对经典的物理学理论形成了挑战，并关系着宇宙的起源和未来。它们时刻提醒我们：宇宙的最终命运尚未解决。

第五章

永远令人惊奇的宇宙

1 暗物质之谜

暗物质是当今天体物理学和宇宙学面临的重大未解问题之一。通过对银河系、星系团、引力透镜等的观测，天文学家已经知道了暗物质的存在，其占宇宙总质能的 26.8%（可见的普通物质仅仅占了 4.9%）。它们看不见、摸不着，从理论上来说，它们与普通物质不会发生碰撞，不会发光。

即使这些暗物质在我们身边，我们也抓不到它——因为它们密度太小了，在相当于整个地球的空间内，暗物质总共才几千克。

但是在大尺度的范围上，暗物质又很重要。星系结构的形成必须有暗物质参与，也就是说，如果没有暗物质的话，我们这个宇宙根本就不是现在这个样子，甚至可能根本不会存在。

因为暗物质如此重要，又难以追捕，所以自 20 世纪以来，有不少科学团队加入对暗物质的搜寻之中。这些暗物质探测器工作的原理是：少量暗物质在激烈碰撞过程中会发出极高能量的电子，通过探测宇宙射线中出现的异常信号，反向探索暗物质的性质。但科学家获得的结果基本都是零，这些过程很重要，因为这给后来者扫清了障碍，指明了方向。

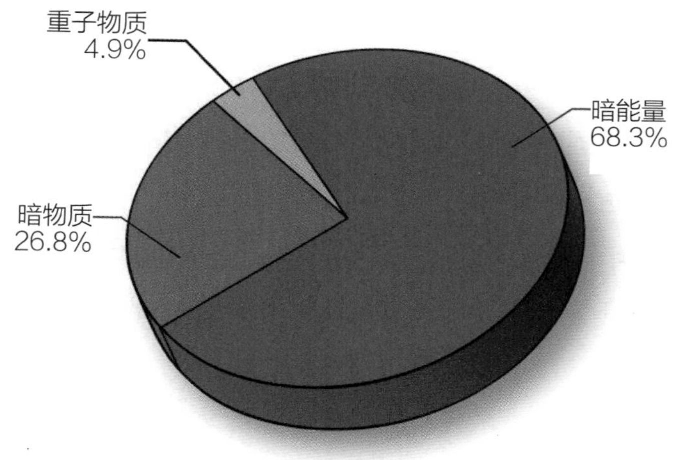

宇宙中的质能分布图

悟空号探测暗物质

2015 年 12 月 17 日，我国悟空号探测卫星发射升空，它最重要的使命就是通过“悟空”的火眼金睛，找到暗物质这个“妖魔鬼怪”。

悟空号具有比其他探测器（如美国费米卫星）更宽的能谱。它的工作区域有一部分（在 1.4TeV[1] 以上）在此前被认为应该不存在任何信号。悟空号在接近 1TeV 的“拐折”处探测到了显著信号，无论是否来自暗物质，都是非常重要的。

宇宙中实际上存在许多暴烈的物理过程，其中一些高能粒子会到达地球，这就是宇宙射线。有许多看不见的粒子正每时每刻地穿过我们的身体。悟空号的探测结果将进一步拓宽我们对宇宙的认识。

[1] $1\text{Tev}=10^{12}\text{eV}$。

中国锦屏地下实验室

为了研究看不见、摸不着的暗物质，中国建立了首个极深地下实验室——“中国锦屏地下实验室”。其位于岩石覆盖下方深达 2 400 米的地下，是世界最深最大的极深地下实验室。

2010 年 12 月 12 日，中国锦屏地下实验室正式揭牌。仪器在运行稳定状态下并不需要工作人员在地下值守，他们只需在地面上的办公室监控，实验数据会自动上传。

锦屏地下实验室的建成，帮助中国科学家获得了一系列国际一流水平的暗物质研究成果，实现了中国暗物质研究从无到有、从跟跑到并跑的跨越。

事实上，寻找暗物质有多种方法。在地下实验室寻找暗物质或者其他粒子是常见的做法。欧洲、美国、日本此前已经利用废弃的矿井建设了多个地下实验室。这种方法的关键，是利用厚厚的岩层阻挡来自宇宙空间的高能粒子，提供“纯净”的背景，让暗物质衰变产生的粒子凸显出来。

暗物质的寻找是逐渐排除“不存在”的能谱区域的过程，但目前得到的结果基本是零。有意思的是，在这个过程中，往往得到许多意想不到的其他成果。20 世纪 60 年代，美国物理学家利用废弃金矿建设的 1 600 米深的地下实验室成功探测到了太阳中微子。日本一个深达 1 000 米的废弃砷矿中建造的大型中微子探测器意外探测到了超新星 1987A 的中微子，主持两代探测器的小柴昌俊、梶田隆章为此先后摘得了诺贝尔物理学奖桂冠。所以，这样的地下实验室，不只是普通意义上的一座实验室，而是集中了多种学科、多种科学目标的大型实验中心。

2 来之不易的黑洞照片

北京时间 2019 年 4 月 10 日晚 9 时，“事件视界望远镜”团队宣布：历时两年的研究，天文学家们终于获得了人类历史上第一张黑洞照片！这个黑洞是离我们 5 500 万光年的 M87 星系中心黑洞，质量约为太阳的 65 亿倍。你可能早就知道了，黑洞是黑的，完全黑的，因为连光都无法逃出黑洞巨大到恐怖的引力！连光都没有，天文学家们又怎么能拍到照片呢？照片上又透露出黑洞的哪些秘密呢？

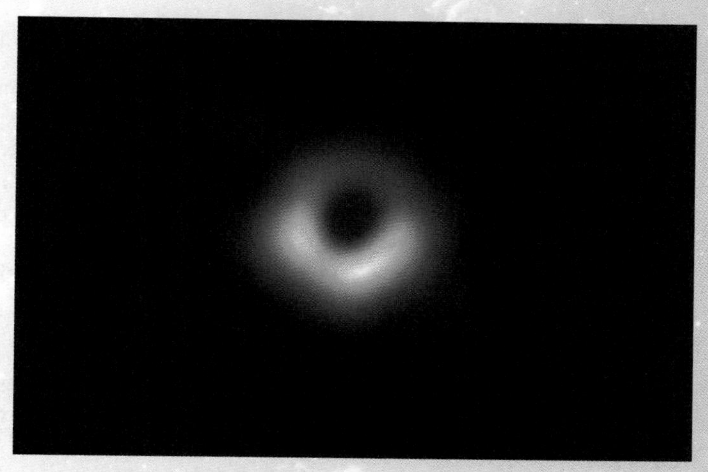

M87 星系中心的巨大黑洞

由“事件视界望远镜”团队于 2019 年公布。

黑洞不是洞

在 100 多年前的 1915 年，36 岁的爱因斯坦提出了广义相对论，指出大质量的天体会引起时空结构的弯曲。时间、空间还能够弯曲？至今还有人觉得这些概念离经叛道、不可理喻。

德国不愧是当时世界的科学中心。那时候正是第一次世界大战期间，一位名叫卡尔·史瓦西的德国天文学家正在服兵役，在躲避炮弹的战壕里读到了爱因斯坦的论文。仅仅一个月后，他就得出了广义相对论的第一个精确解。史瓦西指出了一个当时看来不可思议的现象：对于任何物体，如果将其全部质量压缩到一个足够小的半径里，任何物质，包括光，都无法从这个半径内逃出。这种奇怪的天体，后来被称为“黑洞”。这个无法逃脱的距离范围，叫“事件视界”。

你可以想象一下我们往天上扔一个球，不管你力气有多大，这个球最终仍然要落到地面上。火箭是可以飞出地球的，因为火箭的速度比你扔球的速度大多了。可是，爱因斯坦告诉我们，光速是宇宙当中最快的速度。如果地球半径从现在的 6 371 千米左右突然变成了 5 毫米，密度大增后引力也变得超强，那就连光都无法从地球上逃出去了。打开你的铅笔盒，看看尺子上的 5 毫米有多长吧。太阳半径有 70 万千米，把它压缩到半径小于 3 千米，就会变成黑洞。

发现第一个黑洞

在这次拍照前，只有间接证据证明黑洞存在。比如，如果黑洞附近有一颗恒星，恒星的物质就会被黑洞一点儿一点儿地吸走，在物质掉进黑洞的过程中，产生剧烈摩擦，达到极高的温度，从而释放出强烈的 X 射线。20 世纪 70 年代，美国天文学家用自由号人造卫星发现了位于天鹅座的一个强 X 射线源，命名为“天鹅座 X-1”，它被认为是人类发现的第一个黑洞。

寻找合适的“模特”

不过，如果没有“直接看到”的话，任何人都可以质疑理论的正确性。所以为了证明黑洞存在，最令人信服的方法，还是要拍到黑洞的照片。

怎么对完全不发光的“黑”天体拍照片呢？这要求助于爱因斯坦的广义相对论。黑洞本身是黑的，不会发出任何光亮。可是广义相对论预言，气体被黑洞吸引下落过程中，引力能转化为光和热，黑洞就像沉浸在一片明亮光环里的阴影，光环的大小约为黑洞直径的 5 倍。

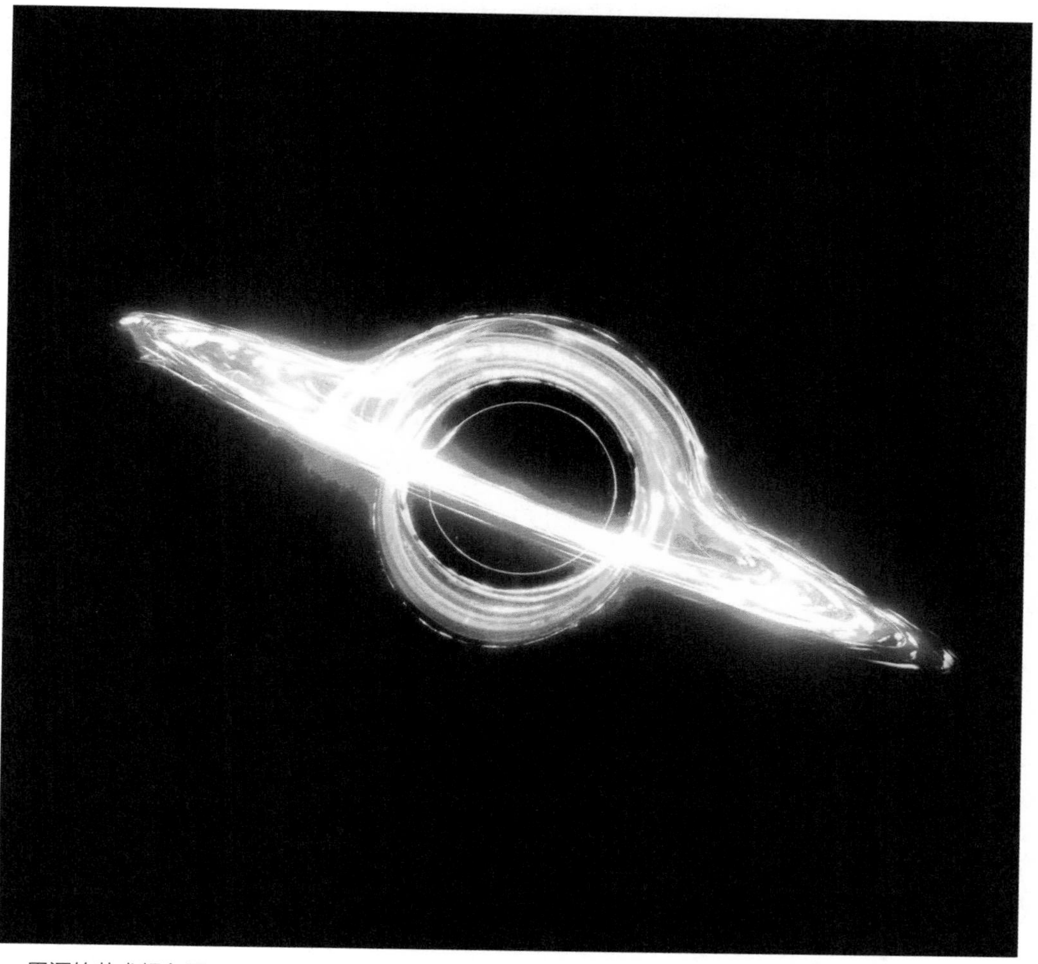

黑洞的艺术想象图

要直接拍照片，就要找到适合拍摄的黑洞。恒星级黑洞首先被排除在外，因为距离我们较近的这类黑洞实在太小了，人类难以观测到。于是，有两个超大质量黑洞进入天文学家的视野，即银河系中心的人马座 A* 黑洞和室女座星系团中心星系 M87 中心黑洞，它们的大小均达到了 50 微角秒数量级——如果你不知道它的意思，只要想象一下：在地球上看清放在月球上的一个橙子。

给黑洞拍照，难，难，难

为了看清超级黑洞，天文学家们还有好几个困难要克服。

第一个困难：星系中心部分存在许多干扰因素，如浓厚的星云尘埃。

克服困难的办法：选择波长为 1 毫米多的射电波，它能有效地穿过星云尘埃。

第二个困难：虚拟望远镜口径需达到 5 000 千米以上——接近地球半径。

克服困难的办法：摆出射电望远镜阵列，也就是用很多台望远镜组合同时观测同一目标，再通过干涉技术形成一台相当于阵列大小的虚拟望远镜。望远镜彼此距离越远，看到的图像越清晰。现在，天文学家只需要升级版本：利用分布在世界各地的 8 台射电望远镜，组成一台巨大的虚拟望远镜——“事件视界望远镜”，其口径相当于地球直径。通过这种“甚长基线干涉测量技术”可实现高分辨率的目标。为了实现这项技术，天文学界动员了以麻省理工学院为首的全球 13 个研究所的 200 多位科学家组成研究团队，用十几年协调了 8 台全球顶尖的毫米波望远镜加入了解析黑洞轮廓的行列。这些望远镜南到南极，北至西班牙，有的在休眠已久的火山口顶，有的位于终年不化的冰层。

第三个困难：拍摄还不能说拍就拍，这些望远镜必须同时看到目标。如果把不同时刻的射电波混在一起，最终图像将会失真，拍照时间必须极其精准。

克服困难的办法：天文学家们在一年之中只挑出了 10 天可以拍照的日子，而且，天文观测时各台望远镜所在地必须同时是晴天。最终，在 2017 年 4 月的 4 个观测夜，“事件视界望远镜”对人马座 A* 黑洞和 M87 星系中心黑洞进行了拍摄。

花 2 年时间“洗”照片

由于每一个晚上观测产生的数据量达到 2PB（$1PB=1.05\times10^{6}GB$），如此大的数据量无法凭借互联网传输，只能被储存在 1 024 个硬盘里，邮寄到德国集中处理。数据处理的难度是非常大的，如随着地球旋转，“8 只眼睛”拍摄到的图像都会有不同程度的变形。数学家、物理学家、天文学家通力合作，设计出多种计算算法，在这些图像中选出“更接近真实”的图像，从而还原出被拍摄目标的准确全貌。最后，经过分析、合并，花费了 2 年时间，人类拍摄的第一张黑洞照片被“洗”出，M87 星系中心黑洞露出了它的真面目。

不是说黑洞是黑的吗？为什么这张全球发布的 M87 星系中心黑洞照片上有一圈亮环，内部包围着一片暗区？它们究竟是什么呢？被亮环包围着的就是“黑洞阴影”，它非常符合科学家们根据爱因斯坦广义相对论模拟的结果。这个亮环的直径约等于黑洞直径的 5 倍，亮环的亮度分布不均匀，是黑洞的旋转效应造成的，朝向我们的一侧更亮。黑洞阴影照片首次为我们提供了黑洞存在的直接证据。

3

FAST首次发现脉冲星

2017年10月，中国科学院国家天文台的FAST发布了6颗脉冲星，这是中国射电望远镜首次发现脉冲星。看到这里你是不是已经晕了？什么是“FAST”？什么是“脉冲星”？别急，这些陌生名词后面，藏着非常有趣的科学知识。

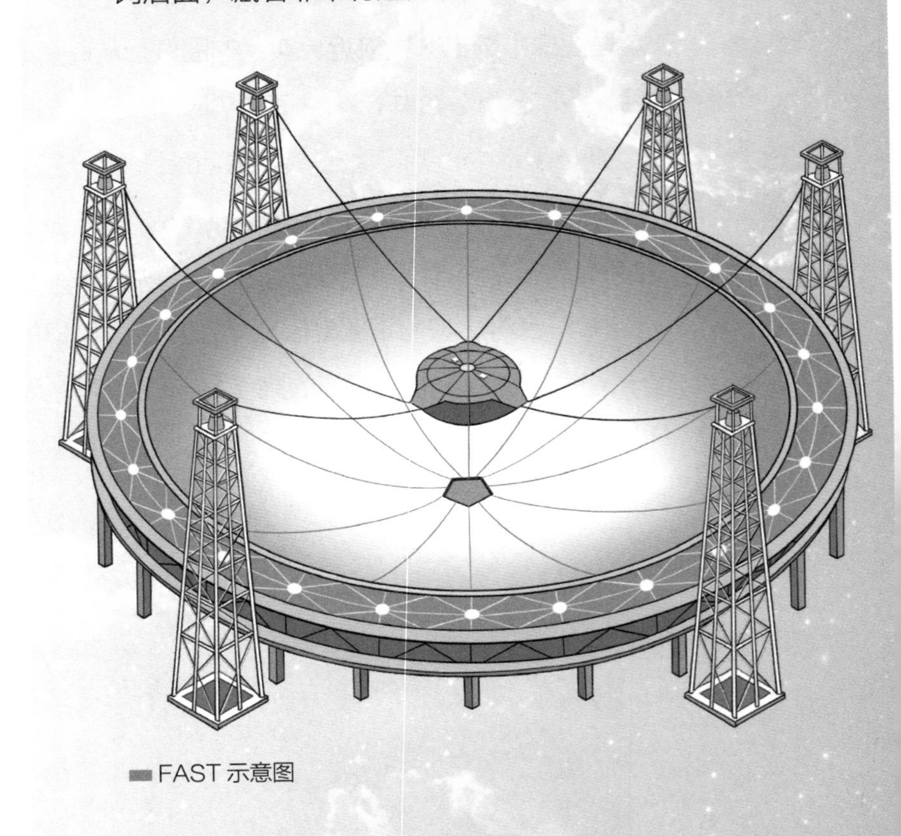

FAST示意图

世界上最大的“锅”，不是用来煮饭的

FAST 可不是我们平时在望远镜商店里看到的那些大大小小的“炮筒”。那些用玻璃镜片制作的“炮筒”叫“光学望远镜”，是用来看可见光的（你能看见的都是可见光）。FAST 是射电望远镜，是用来观测宇宙射电波的。射电波是电磁波的一种，也就是我们平时说的“无线电波”，你的手机、家里的 Wi-Fi、电视台、广播电台都是通过这种电磁波发出信号的。

FAST 是当今世界上最大的单面射电望远镜，全称是“500 米口径球面射电望远镜”（Five-hundred-meter Aperture Spherical Radio Telescope，FAST）。它位于我国贵州省一个叫金科村大窝凼的地方，凼是“水塘”“凹地”的意思，也就是在一个中间凹、四周高的大坑里面用金属框架搭成的“大锅”。不过这口“锅”可不能用来煮饭，它到处都是洞洞，就像我们家里用的漏勺一样，这样才能用来接收来自宇宙极其微弱的无线电波。

为什么要在“天无三日晴”的贵州建设这样的射电望远镜呢？射电波可不怕阴天下雨。大口径望远镜面临的一个重要问题就是基础建设和降雨排水，借助贵州大山里这样的天然地形和溶洞地质，可以巧妙地同时解决这两个问题。

闪闪脉冲星，探索宇宙的希望之星

FAST 找到的脉冲星是什么呢？按字面意思，脉冲星就是会发射脉冲的星星。如果你让灯光一明一暗，一明一暗，那么我们就把这样的灯光信号称为“脉冲信号”，就像我们手腕上的脉搏一样有起有伏。在遥远的宇宙，脉冲星的“一明一暗”现象主要是由于它自身在不停地旋转，它就像宇宙灯塔一样，发出的光束定期扫过地球，我们就收到它的“脉冲信号”了。

脉冲星本身也很有意思，它的直径只有 10 千米左右，个头很小，质量却比太阳还大一些。天文学家们发现的脉冲星是中子星，而且表面有强大的磁场。它整体在快速旋转，发出强烈的光束，其中主要是射电波。虽然射电波很强，

蟹状星云脉冲星的 X 射线、可见光波段合成图像

但经过几千几万光年的太空到达地球时，已经变得很微弱了。FAST 的任务之一就是要寻找这些脉冲信号。

中子星是恒星演化到末期，经由重力崩溃发生超新星爆炸之后，可能成为的少数终点之一，是质量没有达到可以形成黑洞的恒星在寿命终结时塌缩形成的一种介于白矮星和黑洞之间的星体，其密度比地球上任何物质的密度大好多倍。脉冲星都是中子星，但中子星不一定是脉冲星，有脉冲才算是脉冲星。

脉冲星的发现过程

1967 年，英国剑桥大学天文台建成了一台英国当时最大的射电望远镜，这台望远镜灵敏度非常高，可用来探测来自宇宙深处的微弱信号。当时的条件比较简陋，望远镜获得的数据都被保存在记录纸带上。当时这台望远镜每天都会打印出七八米长的纸带。

为了对这些庞大的数据进行分析，这个项目的负责人——剑桥大学的安东尼·休伊什教授叫来了他的研究生——24 岁的乔瑟琳·贝尔分析这些数据。这项工作很重要，也非常烦琐，基本上属于体力活。做事细致的贝尔非常认真地一厘米一厘米地分析纸带上的数据，直到有一天，她发现了一些不寻常的东西。

贝尔发现望远镜记录了一些奇怪的信号。她认真地检查这些数据，种种迹象表明，这应该是一个来自外太空的、在当时无法解释的信号。这是一个脉冲信号，有严格的周期性——每隔 1.337 秒出现一次，每天出现的时间都提前大约 4 分钟——这很好地表明该信号应该来自地球之外。

被誉为“脉冲星之母”的乔瑟琳·贝尔拍摄于 1967 年 6 月。

贝尔和她的导师给这个信号起了一个昵称——小绿人一号（Little Green Man 1，LGM-1）。他们怀疑这是外星文明发出的信号。

但是，这个信号不大可能来自某个天体，如果他们认为是的话，这个天体变化得也太快了，1.337 秒，不可思议！无法解释！

天文学家是最严谨的，如果只发现一个信号，并不具有足够的说服力。有着坚强毅力的贝尔在第二年又发现了 4 个同样性质的脉冲信号。后来经过精密的测量，这些观测到的脉冲信号是由天体自转造成的，天文学家形象地将这一天体命名为“脉冲星”。

借助射电望远镜搜集到的宇宙信号虽然没有找到传说中的“小绿人”，但休伊什教授和贝尔共同发现的脉冲星，足以将他们的名字载入史册。

脉冲星的价值

脉冲星是 1967 年首次被人们发现的，休伊什教授于 1974 年获得诺贝尔物理学奖。在 1974 年，天文学家发现了一颗编号为 PSRB 1913+16 的脉冲星，它是一个孤立双星系统中质量较大的一颗。这两颗星正在逐渐靠近，对它们的研究证明，它们正在发射引力波。这项工作的研究者获得了诺贝尔物理学奖。这足以证明在科学家们眼里脉冲星的价值。

除此之外，对蟹状星云里脉冲星的研究，证明了中子星是恒星爆炸产生的。对脉冲星的监测，可以用来研究银河系里的物质状态——我国的天文学家已经用这种方法验证了银河系磁场对脉冲信号的影响。未来，类似的监测还能够用来寻找其他类型的引力波存在的证据；而在将来的星际航行中，我们还需要用脉冲星为宇宙飞船指引方向，飞往更遥远的宇宙。

缅怀 FAST 之父

FAST 的卓越表现，展现了我国天文学领域成熟的自主创新能力，说明中国大科学装置完全可以成为具有世界一流水平的科学设备，为天文学作出更大的贡献。在不断取得科学发现的同时，人们不会忘记被誉为“FAST 之父”的南仁东先生。

早在 1993 年，日本东京国际无线电科学联盟大会上，科学家们就提出要在全球建造新一代射电望远镜。南仁东先生那时就立志要让中国射电天文学不在这场新的科学竞赛中缺席。虽然当时没有得到多少支持，但他在 20 多年里带领团队踏遍了祖国的西南大山，终于寻找到合适的地址。在建设 FAST 的过程中，南仁东先生从天文学家变成了地质学家、建筑工程师，解决了工程设计中各种基础和前沿难题。

南仁东先生饱经风霜、皮肤黝黑，很多人初次见到他，都不知道这位衣着朴素、健步如飞的老人竟然是多才多艺的清华才子，甚至连 FAST 项目的徽标都是他自己设计的。可是在 FAST 即将落成之际，他却患上了肺癌。2017 年 9 月 15 日，在第一批科学成果即将获得之时，他不幸逝世。

也许，在宇宙深处闪烁的历经千年万年照耀到 FAST 上被中国天文学家发现的那些脉冲星，就是对南仁东先生最好的纪念吧。

4

目光穿越时空

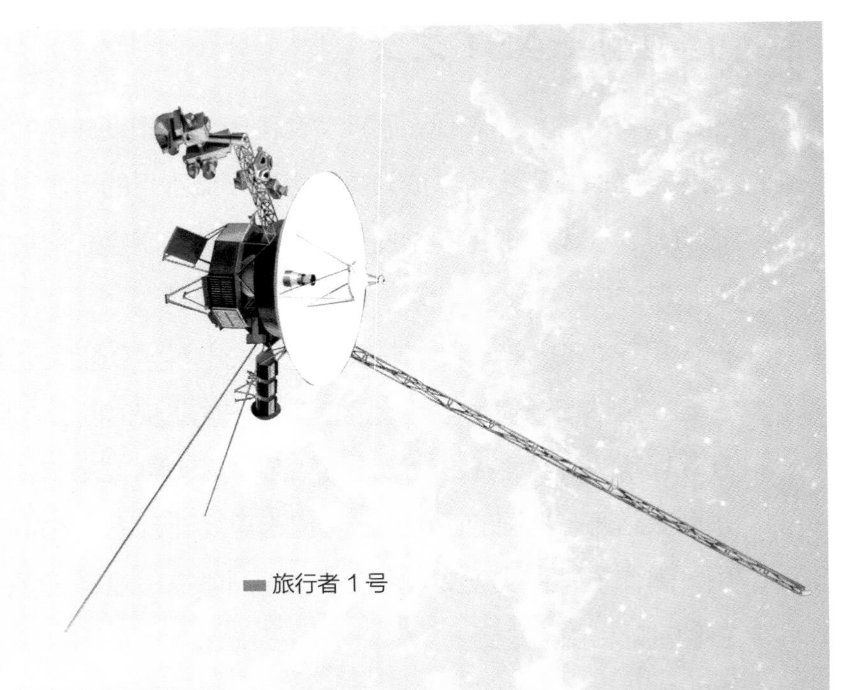
旅行者 1 号

暗淡蓝点

早在 20 世纪 70 年代，美国国家航空航天局就制订了两个飞出太阳系的计划。一项由埃姆斯研究中心（Ames Research Center）用先驱者 10 号、11 号作为先导，验证引力弹弓计划的可行性及太空环境对航天器的威胁程度。先驱者 10 号、11 号分别于 1972 年、1973 年发射。另一项是旅行者 1 号和旅行者 2 号，分别按照木星—土星—冥王星、木星—天王星—海王星的路线前往外太阳系，它们于 1977 年升空。

旅行者 1 号和 2 号是“为人类飞出太阳系并为子孙后代开辟新途径的两艘飞船”，它们为人类认识外行星作出了重要的贡献。它们发现了木星、土星周围数量众多的卫星，揭示了行星和卫星成分、形态、光环、磁场等许多难以想象的性质。我们在科学课本、科普图书上所见到的许多壮丽的画面，就是这些无人探测器历尽艰险传递回来的。

在人类思想史和天文学历史上，人类和地球具有极其特殊的地位，所以“地心说”的地位曾经非常稳固，从古希腊时期一直持续到 16 世纪初。直到哥白尼提出日心说后才确定了地球是太阳系里的一颗普通的行星。开普勒发现了行星运动三大定律，伽利略发现了木星卫星，牛顿发现了万有引力，从而最终证实了哥白尼的猜想。

旅行者 1 号拍摄的“暗淡蓝点”

旅行者 2 号

后来的科学发展证实，太阳只是银河系外围的一颗普通恒星，银河系也十分普通，仅仅是宇宙中几千亿个星系之一，人类只是生物界进化出来的成员。为了进一步显示地球在宇宙中的位置，在卡尔·萨根的建议下，已经到达太阳系边缘的旅行者 1 号飞船在 1990 年 2 月 14 日回望地球，拍摄了一张地球在太空中的照片。

在这张照片中，地球看起来只有两三个像素大小。由于镜头几乎正对着太阳，支架反射的一缕光线正好笼罩住这个光点。萨根称这幅地球影像为“暗淡蓝点”，它让我们看清了地球其实只是浩瀚宇宙中一个毫不起眼的小点儿。

太阳系外行星探索——我们是唯一的吗

在卡尔·萨根写作科普著作《暗淡蓝点》的时候，人类对太阳系外行星的探测才刚刚开始，天文学家观测到一些邻近恒星周围有绕它们旋转的气体和尘埃薄盘。

萨根记录下了人类发现的第一批太阳系外行星，那是在一颗脉冲星B1257+12 周围偶然发现的至少 3 颗行星，分别为地球质量的 15%、3.4 倍和 2.8 倍，而且离脉冲星很近。脉冲星即中子星，密度极大、旋转迅速，周围有着强烈的磁场和辐射，这意味着它周围根本不具备生命形成的条件。这个偶然性也暗示，在宇宙中恒星数目虽然众多，但可供智慧生命居住的选择并不多。

在此之前，天文学家建立的行星系统模型都是以太阳系为唯一样本的。进入 20 世纪以来，随着多种探测器已经上天搜寻系外行星，至今已经找到约 2 000 颗行星。天文学家发现行星系统非常复杂，有的行星质量比木星还大，离它所在恒星距离却比水星还近，称为炽热的“热木星”。

在这些行星中，像地球这样大小、与恒星位置合适、可能适宜生命繁衍的还不到 1%。更不要说，现有的望远镜技术暂时还无法精确分析它们的大气成分，更不了解其地貌情况，这要等待下一代望远镜才能实现。我们的地球家园不仅是“暗淡蓝点”，还是罕见的生命乐园。

你好，外星人

人类进入科学时代以来，尤其是航天时代以来，关于外星人、UFO 的各种想象就层出不穷，许多人设想出各种各样的外星人形象和“第 N 类接触”。

旅行者 1 号、2 号携带了萨根牵头组织的委员会设计的《地球唱片》。这张铜质磁盘唱片包含用 55 种人类语言录制的问候语和各类音乐（包括中国古曲《流水》），目的是向“外星人”表达人类的问候。

1977 年时任美国总统卡特的问候是：“这是一份来自一个遥远的小小世界

的礼物。上面记载着我们的声音、我们的科学、我们的影像、我们的音乐、我们的思想和感情。我们正努力活过我们的时代，进入你们的时代。”这张地球名片，是地球人类送给外星文明的“外交名片”，已经进入宇宙深处，也许几万年之后，他们会收到吧。

萨根曾提醒我们，不需要把宇宙当作一个超自然的创造物来对其进行探索，仅仅对它进行自然探索就足够了。作为宇宙的一部分，人类对宇宙的理解代表了宇宙理解自身的一种方式，因此“我们应该忠于整个人类物种和地球。我们为地球呼吁。让我们生存下去，不仅是对我们自己的义务，也是对这个古老而广阔、孕育了我们的宇宙的义务”。

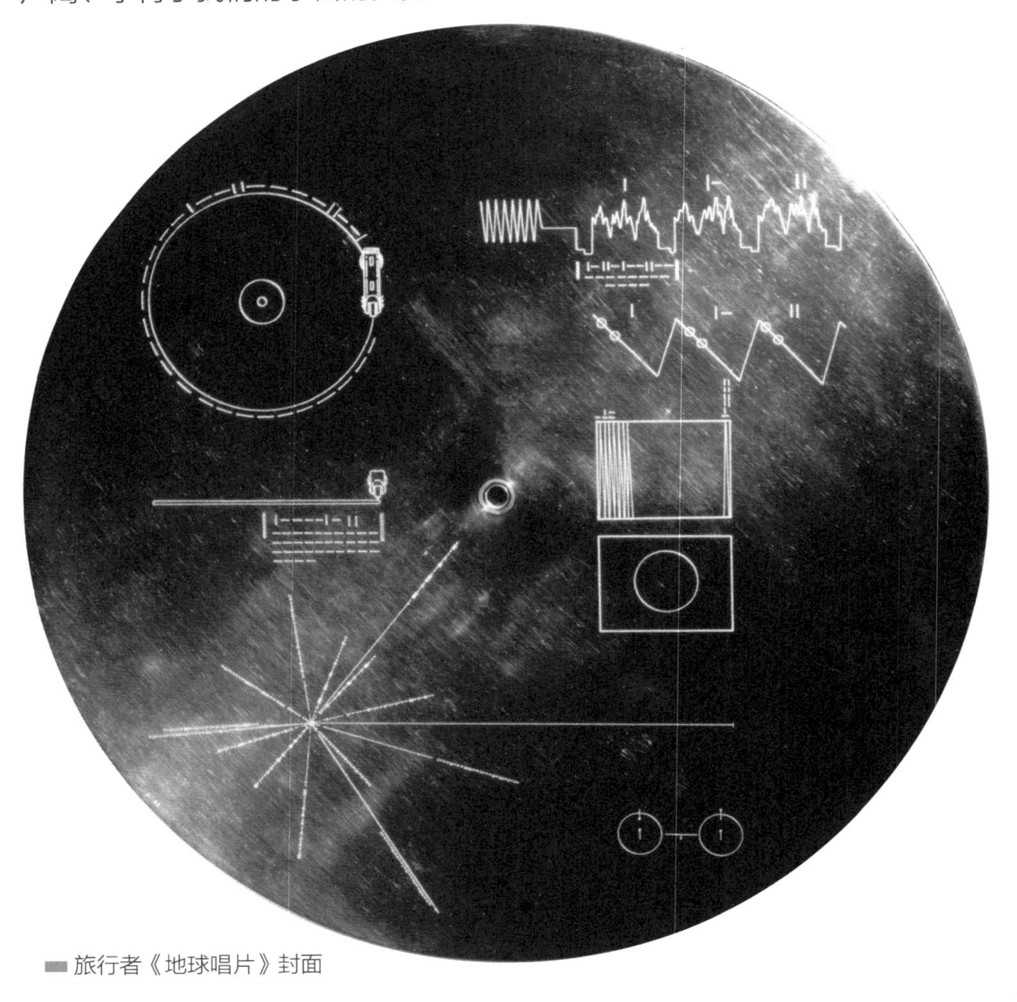

旅行者《地球唱片》封面

附录一　图片署名列表

页码	图名	署名
21 页	文物中描绘的是古希腊神话中的太阳神	British Museum
46 页	阿波罗尼奥斯书稿	Apollonius of Perga
53 页	哥白尼出生地	Stephen McCluskey
56—57 页	天文学家哥白尼	扬 · 马泰伊科绘
70—71 页	1807 年的科学家	Sir John Gilbert
123 页	M87 星系中心的巨大黑洞	Event Horizon Telescope
125 页	黑洞的艺术想象图	Pablo Carlos Budassi
131 页	被誉为“脉冲星之母”的乔瑟琳 · 贝尔	Roger W. Haworth

附录二　编辑及分工

书　名	加工内容	编辑审读	专家审读
向月球南极进军	统　　稿：刘晓庆	陆彩云　徐家春　刘晓庆 李　婧　张　珑　彭喜英 赵蔚然	黄　洋
火星取样返回	统　　稿：徐家春	徐家春　吴　烁　顾冰峰 张　珑　曹婧文　赵蔚然	王　聪
载人登陆火星	统　　稿：徐家春	徐家春　李　婧　顾冰峰 张　珑　徐　凡　赵蔚然	贾　睿
探秘天宫课堂	统　　稿：徐家春 插图设计：徐家春 赵蔚然	徐家春　曹婧文　彭喜英 张　珑　徐　凡　赵蔚然	黄　洋
跟着羲和号去逐日	统　　稿：徐家春 插图设计：徐家春 赵蔚然	徐家春　许　波　刘晓庆 张　珑　曹婧文　赵蔚然	王　聪
恒星世界	统　　稿：赵蔚然	徐家春　徐　凡　高　源 张　珑　彭喜英　赵蔚然	贾贵山
东有启明 ——中国古代天文学家	统　　稿：徐家春 插图设计：赵蔚然 徐家春	田　姝　徐家春　顾冰峰 张　珑　高　源　赵蔚然	李　亮
群星族谱 ——星表的历史	统　　稿：徐家春	徐家春　曹婧文　彭喜英 张　珑　高　源　赵蔚然	李　良 李　亮
宇宙明珠 ——星系团	统　　稿：徐家春	徐家春　彭喜英　曹婧文 张　珑　徐　凡　赵蔚然	李　良 贾贵山
跟着郭守敬望远镜 探索宇宙	统　　稿：徐家春	徐家春　高　源　徐　凡 张　珑　许　波　赵蔚然	黄　洋
航天梦 · 中国梦 （挂图）	统　　稿：赵蔚然 版式设计：赵蔚然	徐　凡　彭喜英　张　珑 高　源　赵蔚然	李　良 郑建川